程序员成长手记

涂阿燃　编著

机 械 工 业 出 版 社

本书是一本为程序员提供成长指导的图书。它涵盖了程序员职业生涯需要面对的多种问题，并给出了实用的解决方案。本书共分为 8 章，第 1、2 章作为一个整体模块，帮助读者从客观的角度重新认识程序员这个职业，然后阐述了技术为什么是程序员成长的根基；第 3~5 章作为一个整体模块，带领读者以程序员的身份融入职场，帮助读者树立项目全局观，了解如何做到"本色做人、角色做事"，以及如何在程序员岗位上可持续发展；第 6~8 章作为一个整体模块，帮助读者了解程序员的职业发展，以及培养"多听多想、打开格局"的思维能力和自驱力。

本书适合想要从事或刚从事程序员职业的新手和准新手，以及在职业发展中遭遇瓶颈的程序员阅读。

图书在版编目（CIP）数据

程序员成长手记／涂阿燃编著. —北京：机械工业出版社，2024.1
ISBN 978-7-111-74560-0

Ⅰ.①程… Ⅱ.①涂… Ⅲ.①程序设计 Ⅳ.①TP311.1

中国国家版本馆 CIP 数据核字（2023）第 250479 号

机械工业出版社（北京市百万庄大街 22 号 邮政编码 100037）
策划编辑：杨 源 责任编辑：杨 源 马 超
责任校对：郑 婕 张昕妍 责任印制：李 昂
北京捷迅佳彩印刷有限公司印刷
2024 年 1 月第 1 版第 1 次印刷
184mm×240mm · 13.25 印张 · 284 千字
标准书号：ISBN 978-7-111-74560-0
定价：89.00 元

电话服务 网络服务

客服电话：010-88361066 机 工 官 网：www.cmpbook.com

010-88379833 机 工 官 博：weibo.com/cmp1952

010-68326294 金 书 网：www.golden-book.com

封底无防伪标均为盗版 机工教育服务网：www.cmpedu.com

我们不妨先回到本书的起点。

2021 年，当机械工业出版社编辑找到我，希望我写一本关于"程序员成长"的书的时候，我感到些许讶异。出书？我也能出书吗？因为在我固有的印象中，著书立说之人或是学之大者，或是在专业领域有卓绝贡献、对某类事物有独到见解的人，他们往往引领一个方向，指引一批人前行，是在某个领域开疆拓土的先锋、榜样。出书在我心目中是"神圣"的。

而彼时的我，首要身份是一名"单纯、朴素"的程序员，在互联网行业已沉浮数年。

本科毕业后，我投身互联网行业，从事程序员工作，先后在创业型电商公司、互联网百强企业、大型央企任职。坦率地说，我的工作经历和大部分普通程序员相似，经历过初入职场时的手忙脚乱，经历过试用期被筛选的忐忑，经历过升职、加薪后的喜悦，经历过互联网"寒潮"时大量裁员的无奈，经历过因技术精进而带来的兴奋，经历过和产品人员"互怼"的执着……

这些经历看似平常，但就在此刻，在互联网时代的当下，正在一些互联网公司上演着。有些经历值得我们思考、探究、总结，以形成经验。从"经历"到"经验"，为后来者铺平前路，让他们走得更远。

彼时的我，还有另外一个重要的身份 —— 一名技术博客博主。

程序员写技术博客就像厨师写菜谱，非常有必要。一名新手厨师一定要牢牢记住师傅教授的技艺，好记性不如烂笔头，这是写菜谱最初的动力；随着经验的积累，新手厨师成长为独当一面的厨师，此时应该有一个属于自己的独到的菜谱库；再往后，可能成长为一位远近闻名的大厨，真正的大厨不会放过任何一个细节，此时可以把毕生经验转化为一套可以传世的菜谱，造福后人，并推动行业的发展。

程序员人生中的相当一部分应当是博客人生，所以，我在毕业时有了写博客的意识，从此便开启了我的博客之旅。好的开始是成功的一半，剩下的另一半就要靠"持之以恒"来实现。

蓦然回望，不曾发觉，我的博客"粉丝"数已过万，博客上已输出上百篇文章，全网阅读量逾百万，我成为各大技术社区的优秀创作者、签约作者或专家博主。

诗人纪伯伦说过："我们已经走得太远，以至于忘记了为什么而出发。"

现在再看出版社的这份邀约，我当时就应当鼓足勇气、迎难而上，接受这个挑战。

有人认为写书是一项浩大的工程，甚至不敢想象。其实，只要"敢去做"，就是好的开始，下一步只用去解决"如何去做"的问题。写书和写博客如出一辙，就像博客是由一篇篇文章组成的，图书也是由一个个章节组成的。写博客时的用心也同样可用于写书。保持勤于思考、整理，以及乐于分享、输出的心态，去做就可以了。

在我刚毕业的时候，如果有人能条理清晰地告诉我"如何制作简历""如何投递简历""如何准备面试""如何对比多个 offer 并做出选择""如何快速适应职场"……那么我会很感激他。

在我初入职场的时候，如果有人能耐心地告诉我"如何融入团队""如何做好一个项目""如何提升技术""如何应对职场压力""如何规划职业发展"……那么我会很感激他。

在我遇到成长"瓶颈"的时候，如果有人能循循善诱地告诉我"如何调整心态""如何拓宽视野""如何启发认知""如何寻找榜样""如何建立自己内心的秩序"……那么我会很感激他。

对于我这样一个"简单、朴素"的程序员，可能之前没有在合适的时候得到过合适的建议，便一路上摸爬滚打，灰头土脸地走过来了。现在，我希望本书可以作为一块垫脚石，帮助初入职场的程序员向上更进一步。我们知道，有时候得到一些帮助、听取一点建议，真的可以少走很多弯路。

程序员的成长之路是一条"无尽之路"，亦如"学海无涯"，学会欣赏旅途中的风景，远胜于抵达终点。

至此，正在阅读本书的你，相信也能感受到我的诚意。在写作本书时，我倾尽全力，就是希望给读者一些想要的关于程序员成长的建议。同时，诚邀各位读者和我一起倾力拨开程序员成长之路上的迷雾，向后回望，汲取经验，向前问道，上下求索，踏实走好职场每一步。

最后，致敬每一位正在奋斗的程序员！

——涂阿燃

本书是一本为程序员提供成长指导的图书，涵盖程序员在职业生涯中需要面对的多种问题，并给出实用的解决方案。本书不仅为初学者提供了基础知识，还为经验丰富的程序员提供了新的思考方向。通过阅读本书，读者能够更好地掌握程序员的技能，并在职业生涯中取得更大的成功。

本书共分为 8 章，分别介绍如下。

第 1 章　先导：重新认识程序员这个职业

第 1 章是先导篇。很多人想做程序员，首要原因是其高额的薪资。然而，在高薪的背后，也有许多鲜为人知的压力。程序员岗位是一个高竞争、高压力、高淘汰的岗位，有着鲜明的岗位特点。外界对程序员有不少刻板的印象，比如"不修边幅""少言木讷"之类。而实际上，程序员的生活也是丰富多彩的。你是否真正走进过他们的日常生活？是否了解他们的关注点？本章带领读者打破固有认知，重新开始建立对程序员的印象，重新认识程序员这个职业。

第 2 章　入门：技术是成长的根基

第 2 章是技术入门篇。如果想在未来从事程序员职业，那么应该从基础技术入手，学习一门基础的编程语言和计算机通用技术。构建知识体系也非常重要，读者可以不用一次构建完成，但绝不能不做这项工作。

第 3 章　经验：树立项目全局观

第 3 章是经验篇，旨在帮助程序员快速融入规范的软件开发项目中。在工作中，程序员时刻面对的就是软件开发项目。程序员是项目中非常重要的角色，一定要有全局意识，能推进流程、突破关键问题。本章将深入探讨程序员的代码开发工作，深入学习代码管理、文档管理、IDE 等。本章最后将探讨敏捷开发，它是热门的、科学的软件开发方法。

第 4 章　职业：本色做人、角色做事

第 4 章是职业篇。作为一个专业领域的职场角色，程序员有自己准确的定位和职责范围。专业程序员，应有专业的工作态度；在处理人际关系方面，应有高情商的表现；对于空闲时间的处理，也应充实和有意义。

第 5 章　进阶：程序员的可持续发展

第 5 章是进阶篇，从软技能角度探讨程序员如何可持续发展，具体内容包括：如何实现代码规范、可以参考的优秀编程原则、如何通过自动化来实践规范、如何提高代码的可读性、怎样理解"源码即设计"、如何做代码的审查工作，以及如何落地代码的单元测试等。

第6章 升职：程序员的职业发展

第6章是升职篇。在职场中，成长的一个重要标志是升职和加薪，这是客观上对个人能力的肯定。程序员的职业发展同样遵循这个规律。是在技术层面持续发力，成为技术专家，还是同时学习管理知识，向着技术管理岗位努力？程序员需要懂产品吗？本章将探讨这些问题。本章还会重点讨论如何提升程序员素养、开源、学习时间管理与授权等。对升职、加薪感兴趣的初、中级程序员，可重点阅读本章。

第7章 思维：多听多想、打开格局

第7章是思维篇。作者有一句牢记在心的格言："信念产生行动、行动养成习惯、习惯生成性格、性格决定命运。"可见思想、信念的重要性。首先改变思维，思维会引领行动，意志坚强的人，往往执行力也不会差；有了行动之后，需要持之以恒，坚持行动能形成习惯；习惯则会塑造大脑，培养独特的气质、性格；而性格往往决定命运，这是大家熟知的。究其根源，必须重视思维的提升，这是一个优秀程序员与普通程序员之间最关键的差异之一。

第8章 自驱：路遥知马力

自驱力是个人成长中非常重要的能力，甚至可以称它为"第一能力"。拥有自驱力的人，不需要别人的督促，就会主动去做自己该做的事情。他们往往有着明确的目标和强劲的动力，懂得化被动为主动，通过努力获取自己追求的东西。"主动意味着一切"，这是本章想要强调的。在本章最后，还会介绍"熵增理论"，探讨如何通过成长来抵御生命的负熵。

三大模块

本书8章又可以进一步划分为三大模块。每个模块的侧重点不同。

其中，第一模块（第1、2章）侧重于打破认知、新手入门，带领读者重新认识程序员这个职业角色，介绍程序员基础技术要素。

第二模块（第3~5章）侧重于职场融入、技术进阶，带领读者融入程序员职场，帮助读者树立项目全局观，以便与各角色的协作如鱼得水、在各类问题的处理上游刃有余。

第三模块（第6~8章）侧重于思维提升、自驱成长，带领读者突破成长瓶颈，建立方法论，打开认知格局，持续精进。

三个模块层级是递进关系。

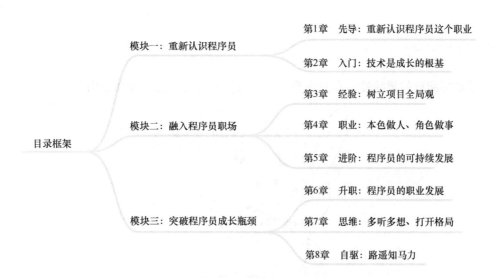

定位

首先，本书的定位是一本手记。

既然是手记，那么本书按照排检法把有关知识、资料、事实等加以汇编，供读者随手查考。所以，作者建议读者先认真阅读本书目录，了解大致脉络，再进一步阅读。这样能让读者做到心中有数，在需要查阅的时候，快速、准确定位内容，收获想要的答案。

其次，本书还定位为一本关于程序员软技能的书。

何谓软技能？软技能与硬技能相对应。硬技能是指程序开发必须掌握的专业知识。它的内容往往是明确的、可说的、易传播的，比如计算机操作系统、数据库、计算机网络、编程语言等知识。硬技能水平的高低是可以量化的。

关于程序员硬技能，比较有名的图书有《算法导论》《深入理解 Java 虚拟机》《JavaScript 高级程序设计》等。

软技能则是可定性感受的一种能力，很难量化，比如表达能力、管理能力、组织能力、理解能力、架构设计能力、编程思想水平、代码编写习惯、文档写作水平等专业相关能力。关于软技能，无法直截了当地给出确切、客观的评价，只能根据感觉在一个相对范围内给出观点，比如我们会说"用这样的设计模式重构代码会让代码更可读"，而不会说"用这样的设计模式重构代码会让代码 90% 可读"。

关于软技能，比较有名的书有《人月神话》《代码整洁之道》《软技能：代码之外的生存指南》《纳瓦尔宝典：财富与幸福指南》《非暴力沟通》等。

软技能与硬技能，孰更重要？

作者认为：同等重要。

猿小兔和猿山羊

为了增加阅读的趣味性，本书还带来了两位漫画朋友：猿小兔和猿山羊。

猿小兔是一名程序员"小白"，像很多新手一样，她对学习编程技术怀有极大的热情，但由于缺乏经验、知识储备较少，因此仍处于技术学习的初期。在本书中，她主要扮演提问者，提出一些阅读本书时可能遇到的问题与困惑。同时，她也是一位勤奋的阅读者，在适当的时候，还会总结心得，以便与其他读者分享。有了她的陪伴，读者在程序员成长道路上应该不会感到孤单。

猿山羊是一名资深程序员，拥有多年编程工作经验。他深谙程序员成长之道，对程序员各个时期遇到的成长问题有很透彻的理解。在本书中，他主要负责解答猿小兔的提问，并且在适当的时候给出学习重点，以及提出一些引发读者深度思考的问题。猿山羊丰富的经验一定能帮助读者少走弯路。

本书的目标读者

作者将本书目标读者大致分为以下五类。

第一类：想要未来从事程序员职业的学生。

第二类：想要转岗做程序员的其他职场人士。

第三类：程序员新手。

第四类：职业发展遭遇瓶颈的程序员。

第五类：关注程序员成长话题的人。

交流与反馈

由于水平有限，书中错漏之处在所难免，恳请广大读者批评指正。作者也非常愿意在书本之外，和读者进行更多的沟通、交流。

这里提供以下五个交流、反馈方式。

① 作者微信：anthony1453

② QQ 群：905500072

③ GitHub issues 留言：https://github.com/TUARAN/Programmer-s-Growth-Manual/issues

④ 作者个人博客留言：https://tuaran.github.io/

⑤ 作者掘金社区主页留言：https://juejin.cn/user/1521379823340792

作者郑重承诺：你留下的每一句话都会被看到、被认真思考和被回复。读者的点滴建议是作者巨大的财富。

"雄关漫道真如铁，而今迈步从头越"，你我共勉。

编　者

目　录

第1章

先导：重新认识程序员这个职业

从 2018 年下半年开始，互联网行业出现了一个高频词汇："寒潮"，一时间，蓬勃发展的互联网行业似乎遭遇了节节挫败。同年，《中国就业市场景气报告》中的数据显示，互联网行业招聘需求人数同比下降 27%，在一些细分领域，职位需求数更是同比下滑 57%。多家知名互联网科技公司相继爆出裁员或降薪的消息。互联网"寒冬"似乎已悄然来袭。

在 2021 年年底的一次腾讯内部会议上，首席执行官马化腾告诉员工，公司应该为"冬天"做好准备。2022 年 8 月，华为创始人任正非喊话："活下去"，并称"把寒气传递给每一个人"。

雪崩之时，没有一片雪花是无辜的。堤溃之时，没有一个人能当旁观者。

程序员作为互联网行业的生力军，处于行业变化的潮头浪尖。大浪滔滔、席卷前进。我们需要从一个新的角度来审视这种变化，从一个新的角度重新认识程序员这个岗位、这个角色、这个职业。

1.1 高薪的背后

如果说程序员是 21 世纪以来的高薪职业，那么不会有人反驳。事实上，也确实如此，下面不妨用官方数据来说话。

国家统计局统计数据（National Data）显示：在 2011 年至 2020 年的这十年间，根据对城镇单位就业人员年平均工资的统计，其中"信息传输、计算机服务和软件业"的平均工资一直保持在所有行业的前两位，并于 2016 年超越"金融业"，位列第一，蝉联至今，如图 1-1 所示。

这样的增长趋势绝不是偶然的。从宏观方面来看，互联网带给人类经济、文化、社会等各方面的深层次变革。自 1994 年互联网进入中国以来，二十多年间，互联网深刻改变着国人的生活，成为国民经济发展的重要驱动力。

然而，从城镇单位就业人员数量方面来看，信息传输、软件和信息技术服务业的就业人员数量仍远低于其他传统行业。我国的软件行业仍处于发展期，一大批人正涌入这个行业。如图 1-2 所示。

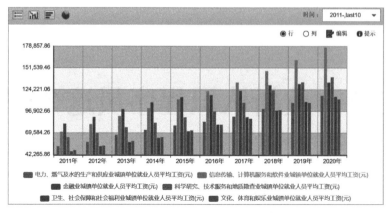

图 1-1

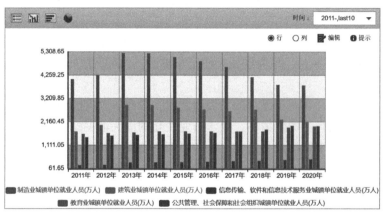

图 1-2

程序员是互联网行业的产能来源，是软件业的核心角色，一度被打上"高薪"的标签。究其原因，高薪的背后不仅是互联网时代的发展红利，还有每一位普通程序员付出的努力。

猿山羊爷爷，我听说程序员的工资高，想问问您，其背后的原因是什么呢？

首先，随着互联网行业的快速发展，程序员的待遇"水涨船高"。其次，它具有稀缺性，入行有一定的技术门槛。最后，程序员的工作强度比较高。

1.1.1　外界对程序员的刻板印象

与猿小兔一样，大众谈及程序员，似乎都热衷于谈论打在他们身上的一些标签，如"格子衬衫""头发少""加班多""理工宅男"等。但随着互联网行业的逐渐成熟，以及程序员群体的壮大，这群看似"特别"的人逐渐从被标签化认知的幕后勇敢走向台前，向公众展示自我。

在我的印象中，程序员好像都是"技术宅"。他们对技术痴迷，现实生活中沉默寡言、不爱社交……

（1）程序员都是一个样？

有种戏谑说法：美国有"硅谷男"，日本有"电车男"（"宅男"），中国有"张江男"。"张江男"代表着这样一个男性群体，他们通常具备理工科教育背景，活跃在软件与微电子行业，常常深居简出，工作勤奋，却拙于表达。他们通常心怀理想，却生活单调，甚至有一些不健康的生活习惯。用通俗、戏谑的话来讲，这群人买房基本靠攒，娱乐基本靠网络，吃饭基本靠外卖，人际关系较淡，恋爱基本靠配对，周末基本"宅"在家。从这些标签可见，大众对这个群体的印象是刻板且负面的。

自互联网兴起以来，程序员曾被认为是典型的"张江男"。从外貌上来看，他们给大众的印象是：黑框眼镜、凌乱的头发、格子衬衫、直筒牛仔裤、胸前挂着工牌。从行为上来看，他们给大众的印象是：痴迷技术、沉默寡言、不爱社交。

随着信息技术行业的不断发展，以及程序员群体的壮大，他们正在摆脱人们对他们的刻板印象。在蜕变中，他们走向舞台的中心。

新时期的程序员有着干净的打扮、多样的兴趣。以作者身边的程序员为例，他们每一位都各不相同，有些人乐于社交、热爱运动，有些人爱好广泛、风趣幽默，有些人是美食"达人"、旅游"达人"。

每个程序员都应该是不一样的人，应该回归到自我实现上，而不应该"千篇一律"。

（2）程序员都会修计算机？

一位女同事找到身边的程序员，让他帮忙维修一下坏掉的计算机，他可能会淡淡地回答："我不会修计算机。"

实际上，不是每个程序员都会维修计算机的。维修计算机并非程序员的必备技能。可以将程序员进行细分，如客户端程序员、服务器端程序员、网页开发程序员、数据库程序员等。软件开发并不等同于维修计算机硬件，"程序员不会维修计算机"是一件很正常的事情。就像厨师的炊具坏了，他需要寻找维修炊具的专业人员来修理，因为厨师的关注点是如何做出美味的食物。

曾经有人想请作者"黑"入某个网站，修改其中的数据。很遗憾，我不能也不可以满足这个"外行人"的需求。程序员没有"神奇魔法"，不是人人都会修计算机，不是人人都是全球顶级"黑客"，他们中的大部分只是从事程序开发、维护的专业人员。

（3）程序员只会编程就行？

对于很多想入门编程的新手，他们对程序员有一个刻板的印象：程序员只会编程就行了。但实际工作中，除编程以外，程序员还需要把很多精力放在和产品人员对接需求等非编程的工作上；而不善于沟通的程序员，会在这个过程中很挣扎。

程序员平时需要接触、学习的东西有很多，比如产品思维能力、理解业务能力、文档编写能力、述职汇报能力、团队协作能力等。

你也许会追问：程序员为什么还要有产品思维能力？

这里简单聊一下技术和产品的关系，或许能给你一些启发。在工作几年后，作者愈发觉得：技术只是实现产品的手段，再厉害的技术也是为实现某一产品而服务的。程序员只有深刻理解产品设计，才能更好地落地技术、发展技术。所以，这就要求程序员除了掌握编程技术以外，还要正视自己所研发的平台的业务。编程技术由业务出发，决定着产品的上限。

以上要学习的内容会在后续章节逐渐展开，但首先要意识到：程序员绝对不是只会编程就行了。只有世事练达，才能在职场道路上越走越宽。

（4）"程序员鼓励师"

你也许听说过"程序员鼓励师"这个称谓，也许也看过这样的新闻，在 10 月 24 日"程序员节"中，一些 IT 公司会找来一些所谓的"美女程序员鼓励师"来庆祝这个节日，包括为程序员揉肩捏腿、与程序员一起做小游戏。

有些读者可能会问，难道这也算是对程序员的刻板印象？当然算。"程序员鼓励师"通常由长相甜美、穿着前卫的女性担任，在程序员工作焦虑的时候，为他们"加油鼓劲"。但这种带有暧昧的所谓的"鼓励"并不能起到实质上的帮助作用，反而破坏了程序员这个职业的工作操守。严格来说，这种行为算得上职场性骚扰。职场性骚扰的解释：要求他人做出符合性别角色的事情，有不必要的身体接触，有关于性的明示或暗示。性骚扰不仅局限在女性群体中，对于男性群体，也同样存在，"程序员鼓励师"会让一些男性感到不适。

"程序员鼓励师"的出现，既轻薄了女性，又轻薄了程序员，是一种价值观混乱的体现，是对程序员这一群体的偏见。其实，积极的鼓励是为程序员提供充分的福利保障。

有人对程序员有偏见，这是我们不愿意看到的。我们需要重新认知程序员，为他们正名。

程序员只是程序设计专业领域的从业人员，和其他很多普通工种一样，有自己的职业素养、职业操守，他们在自己的专业领域中散发能量。

1.1.2 程序员的工作日常

想要深入了解程序员，不妨看一下程序员的工作日常。

曾经有人采访过国内某大企业中的一名程序员，他介绍了他的工作日常。早上 8 点起床，然后洗漱、吃早餐、通勤。9 点，到达公司并打卡，接着清洗水杯并接水，然后回到工位并打开计算机，启动开发软件、OA 软件，查收邮件、阅读 OA 信息，在列表中列出一天工作任务。10 点，抱着笔记本计算机去会议室开会，汇报项目进度，对接各方需求并进行问题确认。在会议结束后，返回工位并随意浏览一下技术论坛或新闻，拓展视野。11 点，再与各方确认具体任务细节以及优先级。12 点到食堂吃饭，吃完饭后在园区内或围绕园区转一转，然后返回工位并查看手机消息，准备午休。13 点~13 点 30 分，午休，睡醒后泡一杯咖啡，提神醒脑，稍作调整后开始编写代码。"程序员写代码"并不意味着独自一人编写代码，其间还可能与用户界面（UI）设计人员、测试人员、产品经理、项目经理或其他开发人员等进行沟通，对具体的问题展开讨论，一同推动任务的完成。编码时，还会在网络上查询大量相关解决方案，并对方案进行研判。18 点，去食堂吃饭，同时和同事聊一聊天，然后通过走路方式消消食。回到工位时已经 19 点，回归任务或者进行提升技术的学习。21 点，休息几分钟，收拾东西，准备下班。21 点半，乘坐公司大巴或打车回家。如图 1-3 所示。

以上内容描述了程序员非常真实的工作日常。具体到不同的公司，工作时间或环节有些许不同，但整体来说大同小异。

接下来，讨论一些程序员日常关心的热门话题。

（1）劳逸结合

程序员的工作并不是一成不变、重复的，更多时候，他们的工作具有创造性。在编程时，往往需要精神高度集中，这样会极大地消耗人的精力。没有人可以长时间保持高强度的工作状态，只有劳逸结合，才能提高工作效率和质量。

（2）弹性工作制

在招聘广告中，有些公司会用"弹性工作制"来吸引人才。

弹性工作制是指在完成规定的工作任务或固定的工作时间长度的前提下，员工可以灵活地、自主地选择工作的具体时间安排，以代替统一、固定的上下班时间的制度。

很多互联网公司的上下班时间都是弹性的，由于程序员的职业特性，有些时候需要在晚上熬夜加班或支撑上线业务，弹性工作制可保证程序员能在第二天晚一点上班。当然，无论是 9 点上班、18 点下班，还是 11 点上班、21 点下班，员工都要按时、高效地完成自己分内的工作。

需要特别提出的是，有些公司滥用弹性工作制，把这种制度扭曲为让程序员进行无意义、无价值的硬性加班的制度，这是非常不可取的。

程序员

平凡的一天

8:00｜起床	12:00｜吃午饭
9:00｜到达公司	13:00~13:30｜午休
9:00~10:00｜接水、查收 邮件、阅读 OA信息、 列出任务	14:00｜开始编程 18:00｜吃晚饭 19:00~21:00｜继续工作 21:30｜下班
10:00｜开会	
11:00｜确认任务细节 及优先级	

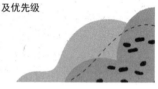

图 1-3

（3）与产品经理"对线"

在前面关于程序员工作日常的描述中，可以了解到程序员的工作不仅局限于写代码这一件事。

在工作中，程序员需要和同岗位的同事与其他很多不同岗位的人打交道。以产品经理为例，他们与程序员经常打交道。产品经理负责给程序员提需求，程序员负责把需求变成可以使用的软件产品。在这个关系中，产品经理是甲方，程序员是乙方。

按道理来说，程序员按照产品经理的想法去做就可以了，但实际上并不是这样的，因为大部分产品经理都不理解技术，更不懂技术实现，可能导致他们提出的需求脱离技术，有时会让程序员感到无奈。于是，程序员需要去向产品经理解释，说明哪些需求是可以实现的、哪些需求是不能实现的、用什么技术实现什么样的需求，以及需要多大的成本等。在这个过程中，两种角色之间需要进行充分的"沟通"。所以，和产品经理"对线"，也是程序员的工作日常。

（4）善用复制和粘贴

有人调侃程序员在编程时只会使用复制和粘贴功能，事实并非如此，在很多场景下，程序员可以通过代码复用迅速解决开发问题，这样可以避免重复劳动，也能"站在前人的肩膀上"，利用他人的有效成果，让编码工作更进一步。

俗话说，无论是黑猫还是白猫，能抓到老鼠的就是好猫。同样，无论是依靠复制和粘贴已有代码来实现功能，还是一点点手写代码并封装，只要按时、高质量地完成工作，就是一名合格的程序员。以解决问题为导向，善用代码"轮子"也是一种能力。

（5）程序员的职业病

1）视力下降。程序员每天面对着计算机，长时间盯着高亮的屏幕，这对眼睛的损伤很大。

2）颈椎病、腰椎病。长时间坐在座位上，加上不正确的坐姿，程序员的颈椎和腰椎容易出现毛病。

3）胃病。程序员的工作强度高，有时为了赶进度，只能吃方便面、外卖等食物，甚至不能按时吃饭。时间长了，胃就会因为饮食不规律而落下毛病。

4）久坐引发的疾病

程序员长期盯着计算机屏幕，并保持一个固定的姿势长久不活动，这可能导致血脉不通，气滞血瘀。长此以往，肩颈肌肉酸痛、腰酸背痛、颈椎病等就会找上门来，同时还容易诱发高血压、肥胖、痔疮、便秘、前列腺炎等疾病。世界卫生组织的研究表明，久坐是导致死亡和残疾的十大原因之一。

所以，程序员要养成定时活动颈椎和腰椎的习惯，并积极进行健身、运动。如果在日常工作中忙得挪不动屁股，那么在悄无声息中流失的是健康。

作为程序员，不仅要应对编程上的挑战、工作上的挑战，还要守护好自己的健康，毕竟身体才是革命的本钱。

在看了程序员的工作日常之后，有人可能会问："这和正常的上班族没有太大区别啊?"是的，就像 1.1.1 节中强调的那样，程序员只是互联网行业中一个普通的专业岗位。

原来程序员也只是一群平凡、可爱的普通人。

1.2　程序员独特的职业气质

程序员有一些独特的职业气质，比如对技术充满热忱、不断追求卓越、习惯用代码说话、有不错的读写文档的能力，以及对事情有着求真务实的态度。本节将展开介绍程序员的这些独特的职业气质。

我们从事的职业会塑造我们的大脑、改变我们的思考方式、指导我们的行为。

如果你希望在某个职业长久发展，那么首先可以考虑自身个性是否和职业特质契合。如果契合，那么你将会对这份工作产生更大的兴趣，会全身心地投入进去。

1.2.1　对技术充满热忱

大多数程序员都保持着对技术的热忱。程序员以技术起家，技术就是他们的看家本领、立身之道。他们往往相信技术、热爱技术、乐于探究技术。

（1）对技术充满好奇和兴趣

热爱能使人保持专注、不断引发人的好奇心和兴趣，而好奇和兴趣是非常好的老师。

有一道前端面试题："从输入 URL 到页面展示，该过程中到底发生了什么？"

当你尝试解答这个问题时，先要将这个问题拆解，形成多个小问题，然后逐个深入研究，各个击破，最后才能找到答案。如果你只是想找到一个官方解答，然后死记硬背，那么这并不会真正地帮助到你。寻求答案、追问才是锻炼思维能力的关键。只有对技术充满好奇和兴趣，才能让你接触到更多、更深的知识点。

果然，好奇和兴趣是非常好的老师！对技术充满兴趣和好奇，是程序员必备的特质。

（2）锻炼技术思维能力

通过学习优秀的架构设计、阅读底层源码，以及深入研究实战调试技巧、如何在业务场景下落地性能优化技术等，程序员锻炼自身的计算机思维能力、工程化思维能力、解决问题的能力。

从兴趣启发开始，在解决问题的过程中锻炼技术思维能力，这能切实地帮助程序员在软件行业中成长。

（3）对技术充满热情

拥有对计算机编程技术的热情，比单纯提高编程水平有更深远的影响。

当你在 IT 行业工作了多年之后，热情会让你在早上起床之后期待今天的工作。没有了热情，程序员就会失去工作的动力。

看到这里，可能有的读者会担心，自己想入行程序员或已经做程序员一段时间了，但又确实对技术没太大兴趣，这该怎么办？猿山羊爷爷给出了它的答案。

所以，要保持一颗尊重技术、向往技术的心，持续去追问，慢慢就会找到答案。

1.2.2　追求卓越

追求卓越是程序员的另一特质，因为程序员的工作是不断推进技术发展和提高效率的。程序员喜欢挑战难题，并不断寻找更好的方法来解决问题。他们也喜欢学习新技术，不断提高自己的技能，以便能够在竞争激烈的科技行业中保持领先。程序员还要求自己的代码能够达到较高的标准，不断完善和改进，以保证其可靠性和可维护性。

（1）卓越并非完美

很多人以为"追求卓越"就是信奉完美主义，然而并非如此。一名合格的程序员一定能在完美主义和实用主义之间找到平衡。

成熟的程序员往往能快速、熟练地给出不是那么完美的解决方案，同时留下后续迭代、改进的方法。如果你停留在对细节的极致追求上，很容易就会陷入完美主义的陷阱中。

追求卓越是不断修正的过程。一些未入门的程序员会对调试代码感到厌恶和恐惧，他们担心被提出问题，也担心自己无法解决问题，而一名合格的程序员会用修改代码 bug 的能力来证明自己，为定位到 bug 并成功修复它而感到高兴，这个过程是有趣的，这种成就感也是无法比拟的。

（2）保持怀疑

追求卓越还包括保持怀疑的态度。在一个问题出现的时候，程序员会问它的前提是什么、条件是什么、背景是什么、目的是什么等问题。保持怀疑的态度，内心存有疑问，不断追问，再获取答案，不断精确定位问题，就是不断追求卓越的过程。这个过程很辛苦，因为在不断动脑筋。不要过于相信看似可行的解决方案，因为合格的程序员都会在对代码做充分的测试后，才会相信它。

（3）精益求精

只有不断追求卓越的人，才可以走向卓越。应该说，大部分程序员都是有所追求的，他们或追求更高的工资，或追求更高的职位，或追求更尖端的技术。有追求是一个很好的开始，但首先还是要将工作中分内的事情做好，在允许的范围内精益求精。

比如，在开发过程中，追求卓越的一个基本要求是，不容忍代码中的 bug。有些刚入门的程序员把代码编译通过了，但没有完整运行页面功能，就以为完成工作了，然后把软件交给测试人员去测试，这是不负责任的体现。随着资历的提升，经历会告诉他：程序员不应过分依赖测试人员，即使没有专职测试人员，也应该能开发出高质量的软件。

过于追求卓越，合格的程序员会经常思考如何使代码更高效、易懂、易维护。

1.2.3　用代码说话

在程序员界有一句非常著名的话："Talk is cheap, show me the code"，翻译过来就是："说的话很廉价，不如给我看看你的代码"。这句话出自著名程序员 Linus Torvalds，他就是 Linux 操作系统的创造者。Linus Torvalds 经常强调实际行动的重要性，空谈没有任何价值，真正重要的是实际的行动，也就是编写代码。

"用代码说话"反映了 Linus Torvalds 对实际行动的重视，也反映了程序员社区的价值观。

（1）代码会说话

之前有一则新闻："某公司被指抄袭开源项目源码"，一众网友纷纷批评、指责该公司的这一行为。然而，作为程序员，只要认真看看代码，就能知道代码中除了一两个变量名相同以外，其他设计并不相同。程序员习惯阅读代码，因为可以通过代码来沟通，从代码中了解信息，而不是人云亦云，这样更有技术范儿。

（2）码如其人

对于程序员来说，一段代码的风格和好坏就能勾勒出这个程序员的整体形象，即"码如其人"。相比PPT、文档，"用代码说话"的方式往往是程序员之间无压力沟通的有效途径。

（3）代码世界

一部分程序员是内敛的，他们在自己的代码世界里自得其乐。他们会精心设计自己的代码，比如变量名、设计模式、封装方法等，甚至会在注释上下功夫，使这些代码看起来更加易读、优雅。这样，在团队协作的时候，成员之间能通过代码更好地沟通，无须再通过聊天补充信息，从代码中就能知道前因后果，然后一起营造一个有秩序的代码世界。

1.2.4　读写文档

通常，在互联网团队中，很多人都会认为产品人员写文案的能力更强，而程序员的文案能力较弱。而实际上，会写文档是程序员不可或缺的核心竞争力之一。

（1）文档能力

程序员应该有良好的文档读写能力，这样才能在职业道路上快速前进。为什么语文在义务教育里所占比重这么大？因为语言能力是其他学科发展的基础。同理，文档读写能力就是开发过程中的语言能力。

拥有一个好的文档读写能力，有利于团队之间的顺畅沟通，不容易出现理解上的偏差。比如，程序员写出的好的开发文档，可以准确地反映代码情况，如果软件的实现逻辑、结构有问题，则可以通过文档定位到问题。

合格的程序员在写代码之前都要进行精心设计，把思路落地，更进一步，会通过流程图展示，这样，团队中的其他人能一眼捕捉到设计焦点，同事或领导能及时给出建议，把问题消灭在萌芽阶段，可大大提升开发效率。这样做也有利于评估工期，以及进行任务拆解及团队合作等。

（2）开发规范

部分程序员不太注重文档读写能力培养的原因通常有二：一是思考问题的方式趋于线性思维方式，走一步看一步，没有发散思维能力及总结概括能力；二是国内很多公司往往只注重开发速度，而忽视规范开发中的文档输出，这样做的后果是欲速则不达，往往后期需要花费更多的时间来梳理代码、重构项目。甚至有些程序员认为：写了开发文档后反而更容易被其他人替换掉，进而丢掉工作。

（3）知识体系

读写文档是一种有效的知识积累方式，时常温习这些文档，避免忘记重要知识点。只有时常做总结的人，才能有更加系统的认知体系。

通过读写文档，厘清思路，让思维更加缜密。在开源世界中，文字交流协作与代码交流一样重要。

编程之外的读写文档也这么重要呀！我们不应该把读写文档视作任务，而应该把它当作一种习惯。

1.2.5 求真务实

求真务实的态度可以帮助程序员更好地理解需求，并为他们提供一种逻辑性的、基于事实的方法来思考问题，从而更快、更有效地完成任务。求真务实的态度还有助于程序员在解决问题时避免错误，因为他们会更加谨慎和细心。

实际上，不止在程序员职业中，在其他任何职业发展、学习教育中，求真务实都是做事哲学的基石之一。

（1）对错误求实

务实的程序员会自主掌控自己的职业生涯，不害怕承认错误、接受错误。

在编程中发生让人头疼的问题是必然的，即使最好的项目也无法避免。尽管有详尽的开发文档、专业的测试流程、完备的自动化构建，还是难以保证不会出一点问题。预料之外的技术问题总会出现，一旦发生这样的事，首先，要诚实面对，承认错误，再去定位错误、解决错误。不把问题归咎于别人或其他事情，也不要寻找借口。也就是说，要对自己做的事情负责。

（2）知行合一

王阳明说，"知行合一"。知是指内心的觉知，对事物的认识，行是指人的实际行为。认识事物的道理与实行其事是密不可分的。

务实的程序员在面临问题时，总能在解决方案中透露出自己的态度、风格及理念。他们总是越过问题的表面，试着将问题放在更宽泛的上下文中综合考虑，从宏观结构和细微本质处着想，找到问题背后的原因。

1.3　优秀的程序员

三百六十行，行行出状元。程序员行业，不乏一些"明星程序员"。

榜样的力量是无穷大的。榜样是旗帜、是资源，代表着方向、凝聚着力量。学习具体的典型榜样，往往比接受抽象的原则方法要方便得多。有人曾说：在中国，卖上万台钢琴，不如出一位郎朗这样的钢琴家，他在"青少年学钢琴"这件事上能带来更大的推动力。

在程序员这个行业中，聚集了一群痴迷技术、对未知有极强的好奇心和探索能力的人。

认识优秀的程序员，学习他们的处世之道、思维方式，接受他们的影响，这样由一到十、由点到面，相互感染、竞相仿效，最终先进典型的做法能普及到普通人身上。

认识优秀的程序员，才能清楚地知道我们前进的方向。向优秀的人学习，才能变得优秀！

1.3.1　国内优秀程序员

在国内，很多商界领袖都是程序员出身，比如腾讯创始人马化腾、小米科技创始人雷军、百度创始人李彦宏、字节跳动创始人张一鸣、360创始人周鸿祎等。

还有很多程序员是专注于技术的行业专家，他们在行业内早已打响自己的名号，比如阿里巴巴的蔡景现（外号"多隆"）、阿里巴巴的陆靖（名号"人肉逻辑机"）、阿里巴巴的原技术副总裁、AI专家贾扬清、腾讯"TK教主"于旸，网易原员工吴云洋（"云风"）和田春（"冰河"）等人。除此之外，还有一些知名程序员擅长开源工作或写技术博客，为行业生态贡献自己的力量，如Vue框架创始人尤雨溪，博客"达人"陈皓、阮一峰等。

清华学堂计算机科学实验班（简称"姚班"）的创办人就是图灵奖得主姚期智院士。像姚期智院士这样级别的科学家或许已经超出程序员范畴，但在他的培养下，诞生了一批又一批在学术上获得极大成就的计算机编程"达人"。

还有一些名字不能忘记，如钱华林、钱天白等，他们有些是荣登互联网名人堂的中国人，有些是中国互联网重要的拓荒者。

（1）商业领域

1）求伯君。

求伯君是国内第一代程序员，是小米公司创始人雷军的前老板。从 1988 年开始，他独自一人，用一年多时间，写出了国产办公软件 WPS 1.0。

2）雷军。

雷军在武汉大学读的是计算机专业，属于程序员科班出身，作为程序员他一干就是多年。他将写代码看作一件艺术的事情。雷军于 1996 年在金山西点 BBS 上写的几篇帖子里说道："我爱编程这个工作，可以肯定我会干上一辈子。"足以看出当初那个热血青年对编程的热爱程度。

雷军是大家口中程序员的一个最佳典范，永远精力充沛，时刻都想着去创造，并且能够及时修复过程中的 bug，有着严谨的程序员思维。

3）李彦宏。

百度创始人李彦宏也是一位科班出身的程序员。从北京大学信息管理专业毕业以后，李彦宏便前往美国纽约州立大学布法罗分校完成计算机科学硕士学位。他发明了"超链分析"并获得专利，这是现代搜索引擎发展的基础技术之一。

4）马化腾。

腾讯创始人马化腾也是程序员出身。在大学时，马化腾已经是一个计算机编程高手。

在《腾讯十年》这本书里，腾讯第一批开发工程师徐钢武回忆道："为了养活这只'企鹅'，大家想尽了办法。那时我们几乎什么都做，例如帮人家做一些网站的小项目，包括深圳信息局的邮件系统也是我们做的。当时，马化腾和张志东亲手做网站，公司主页也是马化腾自己写的代码并亲手调试一些小细节。"

5）张一鸣。

2005 年，张一鸣大学毕业，仅用两年时间，就从普通程序员升职到技术高管，管理四五十人的团队，负责所有后端技术，同时也负责产品相关的工作。

张一鸣说他的爱好就是获取信息，他发现：互联网发展到今天，人们获取信息的方法依然落后，互联网上虽然有海量信息，但人们找到想要的信息却很难。于是乎，"码农"出身的张一鸣带领十几个工程师，耗时三个多月，开发出"今日头条"的最初版本——只要用户绑定社交账户，"今日头条"就开始分析用户的社交数据，找到用户的兴趣所在，再向用户推荐其可能感兴趣的资讯。依靠算法推荐新闻，两年内，今日头条月活用户从 0 到破亿。

在生活上，张一鸣依旧保持着他作为程序员时的一些习惯，比如上班时还是穿 T 恤衫和运动鞋。另外，他侧重用数据分析来管理公司等。员工对张一鸣有个共识：一个没什么爱好的"码农宅男"。

6）周鸿祎。

360 创始人周鸿祎是一位热爱技术的企业家。

1995 年，刚从西安交通大学毕业的周鸿祎，来到北大方正。他觉得当时的开发工具比较落后，就向领导立下了军令状，承诺在 20 天内开发出新的开发工具。于是周鸿祎和另外一位同事连续写了 20 个晚上的代码，总共写了 2 万行，圆满"交货"。随后，凭借这一开发工具，他在北大方正"走红"。该系统就是方正飞扬电子邮件系统，也是中国第一款拥有自主知识产权的互联网软件。

周鸿祎曾说过："当程序员最大的幸福在于你有很强的操纵感，你可以指挥计算机做你想做的任何事情。你和计算机打交道。计算机很简单，计算机没有人复杂。"

7）丁磊。

1993 年，丁磊从成都电子科技大学本科毕业后回到了自己的老家宁波，被分配到宁波电信局任工程师。安逸的生活并未让他感到快乐，两年后，他决定南下广州闯荡打拼。由于在电信局学习并掌握了 UNIX 系统、数据库技术和电信业务相关技能，他来到了刚成立的 Sybase 公司华南分公司。1996 年，他架设了 ChinaNet 上第一个 Firebird BBS。1997 年，他创办了网易，最开始的目的是靠做互联网系统赚钱，后来他提出了"免费"和"易用"这两个互联网基本法则，创建了 163 免费邮箱，自此打开了网易的发展之路。

8）王小川。

王小川在成都四小读小学时，就对计算机表现出了浓厚的兴趣和惊人的天赋，后来他因获得国际奥林匹克信息学竞赛金牌被点招入清华大学计算机系。在搜狐期间，他带领团队先后研发了第三代互动式搜索引擎"搜狗搜索"和搜狗输入法。

商业领域有太多优秀的程序员了，我们可以很清楚地感受到他们的特质：热情专注、执着务实。

（2）技术领域

1）蔡景现。

蔡景现于 2000 年加入阿里巴巴；2003 年，进入阿里巴巴的一个秘密项目，和另外两位工程师一起，从零开始，在一个月内，搭建一个名叫"淘宝"的网站，并涵盖所有交易系统和论坛系统；2003—2007 年，独自维护淘宝搜索引擎，并且这还不是他全部的工作；2014 年，被邀约成为阿里巴巴合伙人。

2）陆靖。

陆靖是 ACM 世界冠军，就职阿里云，为人十分低调，公司内号称"人肉逻辑机"。他做事不轻易动手，深思熟虑，鲜有编译错误。在他人遇到搞不定的代码找到他时，他就只看代码，不调试，一遍遍地看代码，然后指出某行代码有错误。

3）贾扬清。

贾扬清是深度学习框架 Caffe 作者，TensorFlow 作者，曾任 Facebook AI 架构部门总监，负责前沿 AI 平台的开发、Facebook 各产品部门 AI 平台的支持以及前沿机器学习系统研究。

他拥有加州大学伯克利分校计算机科学博士学位、清华大学硕士学位和学士学位。2019年3月~2023年3月，他先后担任阿里巴巴技术副总裁、阿里云智能计算平台事业部总经理、阿里巴巴开源技术委员会负责人。

4）章文嵩。

1998年，还在读博期间，章文嵩仅花了两个星期就完成了初版LVS，而这是我国最早出现的自由软件项目之一。章文嵩在加入淘宝并任核心系统负责人后，不仅在阿里巴巴沉淀了CDN、TFS、Tair、Tengine、MySQL、JVM、Linux内核、图像搜索等技术和产品，很好地满足了淘宝的海量业务对基础核心软件的需求，还在后来投身于云计算事业时，为云计算打造了稳定、易用、低成本的云平台和组件。同时，他还活跃在开源领域的一线，历任淘宝技术委员会主席、阿里集团开源委员会主席，引入了开源文化，使得阿里巴巴因开源而受益，同时也提高了阿里巴巴的技术品牌影响力。

5）吴云洋。

吴云洋，网名"云风"，刚毕业的时候就被丁磊邀请至网易。后来，他作为网易游戏的核心成员，开发了《大话西游》《梦幻西游》等游戏。

《游戏之旅：我的编程感悟》一书忠实地记录了他十余年来对游戏编程的所思、所感、所悟，从基础的计算机知识到高级的编程技术，从非常专业的汇编优化到非常实际的项目管理进行了一次游戏开发的全景探索。他还翻译过一本特别经典的书《程序员修炼之道：通向务实的最高境界（第2版）》，建议想要踏入程序员行业的读者买来阅读。

6）田春。

田春，号称中国"Lisp第一人"，网名"冰河"。他是网易杭州研究院前高级开发工程师和系统管理员。

田春是一个很有意思的人，他研究的范围从梵文、意大利语到Common Lisp、毽子、计算机基础理论、摄影、羽毛球。

7）于旸。

于旸，是腾讯玄武实验室的发起人。他是国内网络安全与黑客界响当当的人物。同时，他也是跨界"明星"，本科毕业于安徽医科大学临床医学专业。他才华横溢却行事低调、为人谦逊，从不显山露水，在网络安全领域卓有建树。

8）章亦春。

章亦春的OpenResty项目撑起了Nginx生态圈的大半边天，在OpenResty的group圈里，他几乎是有问必答，而且讲解清晰，待人耐心、谦和，让人如沐春风。

看到这里，你会发现一流的企业往往都离不开一流的人才。人才之间有"虹吸效应"，他们在一起能迸发出更大的能量。

除了在企业中发光、发热以外，程序员实现自我价值还有一个途径，即做一名好的技术博主，比如陈皓、阮一峰等。

9）陈皓。

陈皓，网名"左耳朵耗子"，从 2002 年开始写技术博客，从 2009 年左右开始，在 CoolShell（酷壳）上分享技术观点和实践总结。陈皓通过一篇篇观点鲜明、文风犀利的文章吸引了大量 IT 从业人员的关注，影响了成千上万程序员在技术选型、求职就业、个人成长等方面的思考和发展。他曾任亚马逊高级研发经理、阿里云资深架构师、天猫开发总监等职务。

10）阮一峰。

博客型程序员的代表人物就是阮一峰，他是上海财经大学经济学博士，由于对网站制作感兴趣，于是依靠自己强大的逻辑思维能力和对技术的热爱，成为一名行业专家。他于 2014 年加入阿里巴巴。作为国内著名的博客作者，有人称他是经济学领域博客写得最好的，博客领域 IT 研究最透彻的人。

11）尤雨溪。

尤雨溪，英文名 Evan You，在前端开发领域，他的大名如雷贯耳。他是前端框架 Vue.js 作者，独立开源开发者，曾就职于谷歌 Creative Lab 和 Meteor Development Group。由于工作中大量接触开源的 JavaScript 项目，因此他也走上了开源之路，现在全职开发和维护 Vue.js。

要特别提一下的是，尤雨溪的大学所学专业并非计算机，而是室内艺术和艺术史，后来获得了美术设计和技术硕士学位。正是在攻读硕士学位期间，他偶然接触到了 JavaScript，从此被这门编程语言深深吸引，开启了自己的前端生涯。

（3）学术领域

在国内，除了商业领域、技术领域有杰出的程序员以外，学术领域也不乏"明星"。

1）钱华林。

钱华林，中国科学院计算机网络信息中心研究员、伏羲智库顾问委员会成员；早期从事计算机体系结构研究和整机的研制。1975 年起从事计算机网络的研究与工程建设。他是中国互联网重要的开创者之一，是"中国互联网先驱"的"二钱"（另一位为钱天白）之一。

2）钱天白。

钱天白，中国科学院计算机网络信息中心客座研究员、CNNIC（中国互联网络信息中心）工作委员会副主任委员。他为中国的互联网建立做出过贡献。

3）姚期智。

姚期智是 2000 年计算机最高奖项图灵奖得主。他的学术贡献毫无疑问是极富开创性且影响深远的，主要集中在密码学基础、计算复杂性及量子计算方面。

准确来说，他已经不能算是普通程序员了，而是一名计算机科学家。

4）楼天成。

楼天成，姚期智的学生，算法专家，谷歌算法大赛得奖者，小马智行创始人。他是大学生计算机编程高手，经常以一人之力单挑一个队。在 CEOI、ACM 界，其大名无人不晓。

楼天成毕业后曾在谷歌总部工作，从事社交网络和机器学习相关问题的研究。2016 年受邀加入百度美国研发中心，是百度当时最年轻的 T10 级员工。后创立小马智行，累计完成 8 轮十多亿美元融资。

5）戴文渊。

戴文渊，毕业于赫赫有名的上海交大 ACM 班。在大学就读期间，他就带领三人团队夺得了 ACM 世界冠军和三个亚洲冠军，后担任 ACM 竞赛教练，指导学生多次获得亚洲冠军。他凭借优秀的信息学算法基础，在人工智能研究领域的顶级会议上发表了多篇论文。

本节用较多的篇幅介绍了国内一批优秀的程序员，这里的每一个人及他们的故事，都能单独拎出来写成一本传记了。希望读者能从他们的经历中得到启发。

程序员是一份有强烈身份认同感的职业！

程序员是一份上限很高的职业，也是一份了不起的职业。用计算机思维去训练自己，客观辩证、理性严谨的气质会熏陶着你。

1.3.2　国外优秀程序员

介绍完国内一些程序员，现在介绍一些国外程序员，他们同样卓越，很多人都是现在常用技术的创始人、发明者。

1）蒂姆·伯纳斯·李（Tim Berners-Lee）是万维网发明者之一、2016 年图灵奖得主。他是一位英国人，在 2012 年伦敦奥运会上发了一条著名的 推文——"This is for Everyone"（万维网是献给每个人的）。他被《时代》周刊列为"时代 100 人：20 世纪最重要的人物"。

2）罗伯特·卡里奥（Robert Cailliau）和蒂姆·伯纳斯·李联合创建了万维网，并为苹果 Mac 计算机开发了第一款 Web 浏览器。

3）保罗·莫卡派乔斯（Paul V. Mockapetris）开发了互联网分布式及动态域名系统，即 DNS。

4）雷·汤姆林森（Ray Tomlinson）是电子邮件的发明者；电子邮件地址中使用的@符号就是他发明的。

5）林纳斯·托瓦兹（Linus Torvalds），他是当今世界最著名的计算机程序员之一，是 Linux 内核与 Git 的作者。他说过一句著名的话："Talk is cheap, show me the code"（说的话很廉价，不如给我看看你的代码）。

6）理查德·斯托曼（Richard Stallman）是通用 GNU 计划以及自由软件基金会的创立者，还是 Emacs、GCC 的开发者。毫不夸张地说，没有他，开源软件也许不会存在。

7）吉米·威尔士（Jimmy Wales），维基百科创始人之一。2006 年 5 月，他被《时代》周刊选为当年世界 100 个最具影响力人物之一。

8）埃里克·比纳（Eric Bina），网景公司联合创始人，担任程序员时开发了 Mosaic 首个版本。

9）保罗·维克西（Paul Vixie），美国计算机科学家，他的技术贡献包括域名系统协议设计和过程，以及实现 DNS 实现的操作稳定性的机制。另外，对开源软件原理和方法有重大贡献。

10）艾伦·埃姆塔格（Alan Emtage），现代搜索引擎鼻祖；构思并实施了第一版 Archie，一个可以以文件名查找文件的系统，这个系统被广泛认为是世界上第一个互联网搜索引擎。

身处互联网时代的我们，每日所用的计算机设备、手机设备，以及在它们之上的软件都离不开这些先驱的智慧和贡献。

用榜样的力量激励我们，认知榜样、学习榜样、成为榜样、超越榜样。

1.3.3　程序员的视野

作者一直坚定地认为："程序员只有拓宽视野，多看、多听、多想，才不至于闭目塞听，故步自封"。

"打开认知"也是本书想强调的。关于如何打开认知、拓宽视野，本节将给出如下几点建议。

（1）提高阅读量

程序员要多看书。看书相对于浏览网站、工作实战、提问讨论这些方式的显著好处：学习更加系统。比如数据结构、算法、编译原理、操作系统、软件架构、计算机网络、编程语言这些方面，每个方面至少要看一本。当遇到问题，或需要深入、具体了解某项技术时，才知道如何去搜索、提问，并且，这样和同行能有更多共同话题。

除了书本阅读以外，程序员很多时候会通过阅读大量的开发文档，或者案例代码来完成技术的学习。现如今，互联网上有很多优质的技术文档，在看的同时，还能方便地进行技术交流；除此之外，还包括在一些活跃的开发社区中交流新技术。通过大量的阅读，可学习新技术、寻找问题解决方案。

提高阅读量，不仅能锻炼信息提取的能力，还能提升思考总结的能力。

（2）使用优质的学习网站

程序员每天与网络相伴，如果能找到一些优质的学习网站，则可借助它们提升自己。优秀的学习网站包括搜索引擎、软件官网、技术论坛等。

例如，可以在谷歌上检索任何信息，可以在 Stack Overflow 官网上找到开发中遇到的问题的解决方案，可以在 GitHub 上找到很"酷"的开源项目等。

（3）加入技术圈子

技术人也有技术人自己的圈子，加入圈子很重要。在圈子内，你可以听到很多来自同行的观点，看到很多感兴趣的技术，也能和大家充分地沟通、交流。有时候，技术的成功就是通过交流与思维"碰撞"实现的。

很多平台都提供了程序员圈子，比如谷歌+、豆瓣小组、新浪微博小组、微信群、QQ群、技术社区的社群等。可以在这些地方及时获取信息。不夸张地说，信息差就是财富。

（4）写作或开源

优秀的程序员不会放弃写作或开源这样绝佳的提升途径。

坚持技术写作或者代码项目开源，能让你更加清晰地认识技术、理解技术，同时，它们也是绝佳的交流方式。

输出是最好的输入，养成写作或开源的习惯，对技术提升和个人成长都有很大的帮助。时间一久，你会遇到很多志同道合的朋友，他们会关注你、激发你的想象，这个过程就是认知成长的过程。

（5）关注前沿技术

程序员每天都应该花一些时间来关注前沿技术、行业最新动态，因为拥有灵敏的技术嗅觉是很重要的。

IT 行业变化很快，需要逻辑清晰、思维活跃，但并非鼓励盲目追求新技术，要有自己的"判断准则"，即使遇到一些新事物，也能举一反三。而"判断准则"就是在技术圈中不断地观察而形成的。

这里推荐一些可拓宽程序员视野的网站，比如 V2EX、CSDN、掘金技术社区、InfoQ 技术社区、SegmentFault（思否社区）、博客园、51CTO 社区、GitHub 等。

通过重新认识程序员这个职业，就会发现，高薪的背后并非想象的那么简单。逐渐了解 IT 行业的独特之处，学习优秀程序员的闪光之处，当认识提升的时候，成长便从这里开始了。

第2章

入门：技术是成长的根基

本章想要强调：技术是成长的根基。程序员以编程技术安身立命，无可避免地要投身到技术专研中。

相信很多读者不是计算机科班出身，但对这个专业保持兴趣。我们不妨探讨一下一个计算机专业的本科生如何在本科阶段科学、规范地接受系统的计算机教育。

大一时，通常会被要求学习 C 或 C++语言，它们是贯穿大学四年编程知识体系的基础编程语言。有人会说："我不学 C 或 C++，直接从 Java 学起，照样不影响就业"。这当然也是可以的。以厨师作为类比，不学基础刀工的厨师照样可以把菜做熟，但他逐渐会发现，在厨艺精进的过程中，还是要返回来学习基础刀工的。在编程中，C/C++就是基础。大一时，对 C/C++的掌握能达到实现一些中等难度算法的程度即可。

一些悟性较高的学生，在大一时就想成为计算机精英，会动手"刷" ACM 竞赛题库，或者再学习 HTML、JavaScript、CSS 这 3 种基础的前端开发语言。学习前端开发语言能让你获得制作网页的技能，然后你就能通过这个技能做一些兼职工作，在提升编程技术的同时，还能带来不错的报酬。

大二时，计算机专业的学生就要展开学习计算机网络、算法、数据结构、数据库等核心课程了。算法在一定程度上可以代表一个程序员的编程能力，没有一个互联网公司会轻视一个算法设计水平很高的计算机人才。数据结构对于一个想要从事后端开发的程序员来说相当重要，因为后端程序员要在数据上花更多心思，很多实战业务场景能通过对数据结构的优化来达到改进效果。数据库知识和数据结构知识关系密切。

掌握计算机网络知识是程序员的一个重要基础素养，有些人在成为程序员多年后甚至都不知道什么是网关、IPv4 和 IPv6 的应用场景和社会意义、数据是如何传输及交互的，以及 TCP 和 UDP 的差别与各自的优劣等。在现在的计算机岗位招聘中，几乎所有福利好、待遇高的大公司都会关注计算机基础知识。

大三时，计算机专业的学生开始确定自己编程的主攻方向，比如是选择做后端，还是选择做前端？是在 Web 端，还是在移动端？在 Web 端中，应该选哪个流行的技术框架？是 Vue，还是 React 或其他框架？对于移动端，是进行 Android 开发，还是进行 iOS 开发？另外，要考虑是否真的适合从事编程工作，若感觉不适合，则可考虑从事与编程相关工作，如测试、运维等。上述这些问题应该在大三期间逐个考虑清楚。

到了大四，即将走向职场，这是一段宝贵的缓冲期，一定不要浪费。凭借应届生的身份找到一份不错的实习工作，可以成为日后进入大公司的"敲门砖"。如果说大学是人生中的一块强有力的"跳板"，那么一份好的实习工作是从学校走向社会的强有力的"跳板"。选择以后留在哪一座城市工作和生活？选择在哪一类公司里发展？今后是想成为技术专家还是想转至管理岗？把这些问题考虑清楚以后，就可以停止向家里要生活费，通过计算机技能来养活自己了。

在第1章重新认识程序员这个职业之后，第2章将关注技术，夯实基础、回归细节。

2.1 学一门编程语言

如果编程对你来说是完全陌生的事物，那么你首先要做的就是学一门编程语言。

编程语言是人和计算机沟通的语言，学习方式与中文、英语这样的通用语言类似。编程语言也有它的语法，通过语法可以构成语句，语句再通过特定形式组成段落来向计算机"示意"等。

如果你已经精通或熟悉一门编程语言，那么可以总结之前的学习过程，并将相关经验应用到其他编程语言的学习当中。

本节从编程语言发展史讲起，引发读者学习兴趣，接着介绍编程语言的分类及其特点，然后强调编程语言的学习要义，最后介绍如何在学习过程中建立学习目标，把握关键点。

2.1.1 编程语言发展史

编程语言的诞生时间可比计算机还要早。为什么计算机还没被发明之前，编程语言就先出现了呢？这就是一个有趣的故事了。

一开始，编程语言和织布机有关。1804年，法国人约瑟夫·玛丽·雅卡尔设计出人类历史上首台"可设计"的织布机——雅卡尔织布机。工作人员只需要事先设计好需要编织的图案，根据设计及相应规则在打孔卡上打孔，随后将打孔卡放入雅卡尔织布机，该织布机就能根据打孔卡上孔的有无来控制经线与纬线的上下关系，以达到编织纺织品不同花样的目的。

正是这样的设计对未来发展成可编程的机器（计算机）起到了重要的作用。

1843 年，英国数学家埃达·洛夫莱斯用分析机计算伯努利数，这被认为是世界上第一个计算机程序。埃达是一个特别厉害的人，她被公认为历史上第一位认识计算机完全潜能的人，她创建了递归和子程序的概念。由于她的突破性创新，被后人称为世界上第一位程序员。另外，这里还有一个趣闻，埃达是英国著名诗人拜伦的女儿。

时间来到了 20 世纪，人们发现不只是能用文字来表达逻辑，也可以用数字来表达逻辑，这促成了图灵机的诞生。

图灵机是一种纸带标记机器，是操作方法抽象化后的集合。它通过有限数字呈现机器的运算方式，奠定了计算机的存储基础。

事实上，很难界定第一个现代编程语言是什么时候出现的。一开始，硬件的限制限定了编程语言，打孔卡允许 80 行的长度，但某几行必须用来记录卡片的顺序。FORTRAN 编程语言则纳入了一些与英文单词相同的关键字，如 "IF" "GOTO"，以及 "CONTINUE"。之后将磁鼓作为存储器使用，这意味着磁鼓的转动表示计算机程序的运行，自此编程语言更加依赖硬件。

最早被确认的现代化、电力启动的计算机约在 1940 年被创造出来。程序员在有限的速度及存储器容量限制之下，编写人工调整过的汇编语言程序。但程序员很快就发现，使用汇编语言的这种编写方式需要消耗大量的脑力，而且很容易出错。

直到 1950 年，才有三个现代编程语言被设计出来，这三者所派生的编程语言直到今日仍被广泛采用，它们分别是 FORTRAN、Lisp、COBOL。

- FORTRAN 诞生于 1955 年，名称取自 "FORmula TRANslator"，即 "公式翻译器"，由约翰·巴科斯等人发明；它是世界上第一个被正式采用并流传至今的高级编程语言。
- Lisp，名称取自 "List processor"，即 "枚举处理器"，由约翰·麦卡锡等人发明。
- COBOL，名称取自 "COmmon Business-Oriented Language"，即 "通用商业导向语言"。

这些语言都各自延展出自己的家族分支，现今多数现代编程语言的 "祖先" 都可以追溯到它们中的至少一个。

1950 年，美国与欧洲计算机学者出版了《ALGOL 60 报告》，强化了当时许多关于计算的想法，并提出了两个语言上的创新功能：嵌套区块结构和词法作用域。

随后，BNF（巴科斯范式）诞生，它严格地表示语法规则和上下文关系。之后的程式语言几乎都采用类似 BNF 的方式来描述程式语法中上下文无关的部分。

时间来到 20 世纪 60~70 年代，大多数现在所使用的主要语言范型都是在这段时间中发明的。例如 C 语言，它由贝尔实验室的研究人员丹尼斯·里奇与肯·汤普逊合作开发，属于早期系统程序设计语言。又如 Simula，它是第一个支持面向对象进行开发的编程语言。再如，Prolog 是第一个逻辑程序语言；ML 是基于 Lisp 的多态类函数时语言，它是静态类型、函数式编程语言的先驱。

1980 年，编程语言与之前相较显得更为强大。这个时期的代表是 C++，它合并了面向对象以及系统程序设计。

语言技术持续发展并迈入 20 世纪 90 年代，这时的语言演进主要是为了推动程序员的生产力。

许多快速应用程序开发（RAD）语言应运而生。这些语言大多都有相应的集成开发环境、"垃圾"回收等机制，且大多是先前语言的派生语言。这种类型的语言大多是面向对象的编程语言，包含 Object Pascal、Visual Basic，以及 C#、Java。

现在非常热门的编程语言 JavaScript 在 1995 年诞生。JavaScript 这种语言并非直接从其他语言派生而来，新的语法更加开放。它比 RAD 语言更有生产力，使得脚本语言在网络层面的应用上大放异彩。

如今，编程语言持续在学术和企业两个层面发展进化。21 世纪以来，涌现出了一些重要语言，如 Go（2009 年）、Swift（2014 年）等。

这样来看，编程语言的历史是人类对计算机语言认知、设计、使用的，充满故事且情节波澜起伏的一段历史。

读史知兴替，了解编程语言的历史，一定能激发你的学习兴趣。

2.1.2　编程语言分类及介绍

如果将部分编程语言按照起源来分类，那么它们的关系如图 2-1 所示。

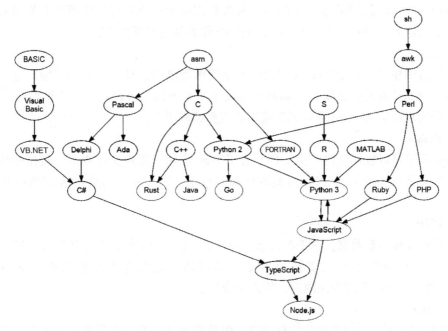

图 2-1

如果将部分编程语言按照语言特性来分类，那么分组如下。

- 强类型语言：Java、C#、Python、Objective-C、Ruby。
- 弱类型语言：JavaScript、PHP、C、C++。
- 编译型语言：C、C++、Pascal、Objective-C、Swift。
- 解释型语言：Python、JavaScript、Erlang、PHP、Perl、Ruby、Java。

接下来具体介绍主流编程语言及它们的简单特性。

（1）C

为何 C 语言经久不衰？答案是"小身材，大功能"。虽然 C 语言占用的空间很小，但是处理速度和功能很强大。如果你需要为嵌入式系统开发软件，需要处理系统内核或者想要利用手头的每一点资源，除 C 语言以外，还有更好的选择吗？

（2）C++

当你需要直接访问硬件以获得最大的处理能力时，C++是不二之选。它是开发强大的桌面软件、硬件加速的游戏，以及桌面、控制端和移动设备上的内容密集型应用的首选编程语言。

（3）C#

C#是 Windows 开发环境下的主要编程语言。当你用微软云计算平台 Windows Azure 和 .NET 框架来创建现代网页应用、开发 Windows 设备上的应用，以及为你的企业开发功能强大的桌面应用时，C#能够迅速地帮助你驾驭微软提供的所有功能。它可以开发游戏吗？当然可以。非常流行的游戏开发引擎 Unity 就把 C#作为其主要开发语言。

（4）Java

Java 作为构建现代企业 Web 应用后端的常用编程语言，是一门必须了解，甚至掌握的编程语言。网站开发人员凭借 Java 和基于 Java 的框架可以为各种用户创建可扩展的 Web 应用。Java 是用来开发 Android 系统原生应用的主要编程语言。

（5）Python

Python 几乎可以胜任任何编程工作。对于 Web 应用、用户交互界面、数据分析、统计等问题，你总能在 Python 中找到需要的框架。近期，Python 成为处理大型数据集的重要工具。

（6）PHP

网页应用需要加载数据，这个时候怎么办？用 PHP。PHP 语言是开发现代网页应用的基本工具。PHP 应用于绝大多数的数据驱动网站，是内容管理系统的基础技术，如 WordPress 可以系统地管理网站内容，使之更合理。

（7）.NET

.NET 其实算不上一门真正的编程语言，但是作为微软的一个重要开发平台，它广泛应用于云服务、服务器以及应用的开发。得益于微软近期的开源计划，.NET 现在亦被应用于谷歌和苹果的开发平台。它带来的最终好处是，利用 .NET 和任何一种编程语言，都可以轻松地开发一个兼容大多数平台的应用。

（8）JavaScript

现代网站离不开 JavaScript。如果你想为你的网站创造互动环境，或者用时下流行的 JavaScript 框架搭建一个用户界面，那么 JavaScript 是首选。

（9）SQL

数据很重要，它无处不在且复杂多变。这时，你需要 SQL 来帮助你以快速、可重复且可靠的方式准确找到信息。有了 SQL，你可以轻松地从庞大、复杂的数据库中查询或提取有意义的数据。

（10）Ruby

Ruby 是为简单、快捷的面向对象编程（面向对象程序设计）而创造的脚本语言，它简单易学又异常强大，全球数以万计的流行 Web 应用都在用 Ruby。

（11）Objective-C

如果你想要开发 iOS 系统的应用，就很有必要了解 Objective-C。尽管苹果公司的新编程语言 Swift 之前被"炒"得沸沸扬扬，Objective-C 仍是开发苹果生态系统应用的基础语言。掌握了 Objective-C 和 Xcode 这两种苹果官方的软件开发工具，进驻 App Store 指日可待。

（12）R

R 语言推动了大数据革命，是数据分析研究者不可不知的编程语言。从科学和商业到娱乐与社会媒体，每一个需要统计分析的领域都少不了 R 语言。

（13）Swift

Swift 作为苹果 macOS 和 iOS 系统的开发语言，具有新颖、快速且高效的特点，已然成为全世界开发人员的"新宠"。Swift 拥有各种强大的功能和简洁明了的语法结构。掌握了 Swift，再加上一台 Mac 计算机，任何人都有机会为 iOS 系统或 macOS 开发出重量级的应用。

（14）Go

Go 语言被称为"C 类似语言"或者"21 世纪的 C 语言"。Go 从 C 语言继承了相似的表达式语法、控制流结构、基础数据类型、调用参数传值、指针等很多思想。Go 语言还有 C 语言一直看中的编译后机器码的高效运行效率以及和现有操作系统的无缝适配特点。

（15）Rust

Rust 是一种高效、可靠的通用高级语言。它的最大特点是"高性能"，定位是系统级编程语言，内部的很多概念与计算机体系结构相关。与 Java、Python、Go 这些有运行时辅助内存管理的系统不同，它需要程序员主动控制内存。

不同的编程语言可以分别用不同的方式来完成同一个任务。由于不同的项目有不同的需求，因此有了许多不同的编程语言。

2.1.3 编程语言学习要义

现在的程序开发工作要求我们能快速掌握一门编程语言。在面对这样的挑战时，一般我们会持有下列两种学习态度。

第一种：粗略地看看语法，然后边通过百度、谷歌查询资料，边学习编程。

第二种：花费较多时间完整地学习一遍某个编程语言，做到胸有成竹，然后开展实际的编程工作。

实际上，这两种学习态度各有弊病。

对于第一种学习态度，因为是在还没有完全了解某种编程语言的情况下就拼凑代码，代码难免简陋且漏洞百出。可能有人会说："我已经有了编程语言基础，各种编程语言都是相似的，穿新鞋走老路罢了。"其实，很多人正是在这样的认识下，短时间内堆积了大量充满缺陷的"垃圾"代码。开发阶段的测试完备程度通常有限，这些"垃圾"代码往往"潜伏"下来，在后期成为整个项目的"毒瘤"，反复地让后来的维护者陷入"西西弗斯困境"。

第二种学习态度的问题也很明显，不但浪费了时间，偏离了目标，而且学习效率不高，因为没有实际问题驱动的语言学习通常是不牢固、不深入的。有些人虽学成了所谓的"语言专家"，反而忘了自己原本是要来解决问题的。

语言学习有一定的规律可循。对于已经掌握一门或多门编程语言的开发者，在学习一般的编程语言时，完全可以最快的速度，如几天、一周，掌握其常用的部分。

怎么做到的呢？首先需要保证所看、所学内容准确无误，比如查看编程语言的官方文档、运行标准代码示例和学习正规课程。

在通常情况下，一门编程语言的重难点或者与其他语言的差异都会在官方文档中着重标出，语法规则也会着重说明，这些都是需要特别留意并认真理解的。在学习的过程中，逐渐形成一个整体认识，后续不断反思、更新开发中关键语法的应用，从实践中提高自己的编程语言运用能力。

以常见的"错误处理"为例，很多人不去看官方文档，而凭借自己的一知半解去实操编程，最后不仅花了时间，还不一定能准确解决问题，或者暂时解决了问题却又埋下更大的隐患，这都是非常危险的做法。

因此，即使时间紧张，也必须先完整地了解一遍官方学习文档，在了解这些内容之后，再尝试进入实际的开发工作中。即使开发过程中有问题，也因为你有一个整体观，所以不会破坏项目的整体。开发者可以在实践中慢慢地提高自己的能力。

接下来介绍编程语言的学习要义。

（1）选择一门合适的编程语言

如果想学习一门新的编程语言，但不知道学习哪一门，那么可以参考 TIOBE（https://www.tiobe.com/）编程语言排行榜，其榜单每个月都会更新，可以反映某种编程语言当下的流行程度。

当然，编程语言热度肯定不是唯一的评判标准，也可以根据编程语言类型去学习，我们在 2.1.2 节已经具体讲解了编程语言的分类。

在学习编程语言之前，需要先简单了解其主要特性及可以解决的问题，即选择适合自己的编程语言，带着目的去学习。

还可以根据就业方向去学习：如果想从事手机 App 开发，就需要学习和移动端开发有关的编程语言，如 Objective-C、Java 和 Swift；如果对区块链技术感兴趣，想要从事区块链开发，那么 Go、Python、C++ 等会是不错的选择。

（2）选择好的学习方式

在学习新的编程语言时，作者认为读书、看视频和参加培训都是不错的学习方式。当然，不同的人适合不同的学习方式。

很多人通过阅读书籍进行学习，因为他们觉得书籍上的内容相对完善且成体系，并认为通过视频和培训课程学习会比较慢。关于编程的书，大致分为入门类、工具类、实战类、进阶类、原理类等，可以根据自己的需要和知识水平进行选择，切勿盲目选择。

有些人认为在阅读书籍的过程中会遇到很多没见过的名词、定义等，容易阻碍学习的进度。他们愿意选择偏重实践的内容，即倾向于选择培训课程、视频等方式，因为可以进行现场敲代码、排查问题等。

学习方式并无好坏之分，适合自己才最重要。

如果能够将多种方式相结合，先通过书籍完善自己的知识体系，并提升理论知识水平，再通过视频和培训课程增加实战经验，就再好不过了。

另外，需要强调的是，在学习新编程语言时，翻阅官方文档和源码也是必不可少的。当然，这比较适合在学习的中后期进行。切勿遗漏这个步骤，因为这是了解并掌握一门编程语言至关重要的步骤。

（3）重点学习什么

《计算机程序的构造和解释》的作者哈罗德·阿贝尔森曾经表达过这样的观点：在学习一门新的编程语言时，应该关注这门语言的基本表达形式（Primitive Elements）、组合的方法（Means of Combination）和抽象的方法（Means of Abstraction）这三个特性。

如果展开以上三个特性，就几乎包含了学习一门编程语言所需关注的所有重要知识。

- 基础知识：基本语法、关键字、变量与常量、数据类型、运算符、流程控制、异常处理、文件处理、编程思想（面向对象、面向过程、函数式编程）、多线程支持等。
- 应用知识：网络请求、数据处理、内置函数、对日志和调试的支持、对单元测试的支持、序列化与反序列化等。

- 高级知识：开源类库、开源框架、底层原理等。

需要清楚不同阶段重点学什么，并做到心中有数。

（4）勤加练习

很多开发者容易陷入误区，只注重理论知识的学习，而不注重实战，在回答别人问题的时候头头是道，一旦动手实践，就不知所措。所以，学习一门编程语言，是绝对离不开动手实践的。

我们要把从书本中学习到的理论知识和实际应用结合起来，由浅入深地学习，最终达到熟能生巧的目的。孔子说："学而不思则罔，思而不学则殆"，在学习编程语言的过程中，学和思固然重要，勤加练习也是必不可少的。

在学习编程语言的过程中进行练习，可以增加自己对理论知识的理解，强化自己的记忆。

举个例子，Java 语言中的 int 是有范围的，书本上说："如果超过范围，就会溢出"，那么这个范围到底是什么？溢出之后的表现是什么？只有真正地敲一遍代码，真正地练习一下，才会有深刻的体会，才能在日后的工作中避免发生类似的错误。

另外，在练习的过程中，难免会遇到各种各样的问题。例如，Java 初学者在安装 JDK 和配置环境变量时，可能会遇到很多问题，想办法解决问题的经历非常宝贵，因为能够帮助他在日后的工作中自主解决各类问题，这是一名优秀程序员的必备技能。

很多时候，初级程序员和高级程序员的关键区别就体现在解决问题的能力上。通过实践，我们可以锻炼自己在这方面的能力。所以，在实践的过程中，遇到任何问题都不要退缩和逃避，要勇敢地面对并解决问题。

（5）带着问题学习（5W1H）

学习要由目标驱动，在目标驱动起作用后，我们可以采用问题驱动方式进行学习，即在学习过程中多问问题。

问问题可以采用六何法。六何法，又叫作 5W1H（What、Who、When、Where、Why 和 How）分析法，它要求我们在学习的过程中多思考、多问问题。

举个简单的例子，在学习"设计模式"中的"单例模式"时，可以用六何法多提几个问题，例如：

- 什么是单例模式？
- 什么时候使用单例模式？
- 怎么实现单例模式？
- 哪种单例实现方式最好？
- 在单例模式中，如何保证线程安全？

在学习的过程中，如果没被问题驱动，那么你学到的可能只是一个技术概念或用法。有了六何法的问题驱动，你学到的知识就会从一个点扩展成一条线，如果对线上的每个点都逐渐深入，就会扩展成一个面。

（6）教是最好的学——费曼学习法

通过写博客来学习是一种非常棒的学习方式，这对新技术的学习非常有效，另外，还可以通过技术分享、线下会议和线上教学等方式将自己学到的知识分享给他人，这就是费曼学习法。

费曼学习法有如下好处。

- 迫使自己更深入地了解更多的知识。
- 在教学的过程中，会加入自己的理解。
- 可以回头翻看教学的内容。
- 可以加深记忆。
- 可以和别人深入探讨。

4.3.2 节将具体地讲解费曼学习法，它是一种非常重要的学习方法，也是本书关注的重点。

费曼学习法很重要，下文会展开讲解。

猿山羊爷爷，我感觉自己在学习时经常是"三分钟热度"，怎么解决这个问题呢？

编程入门切忌"高开低走"，我们应当合理设置期望值，从简单的事情做起，保持稳定的学习节奏，因为坚持下来更重要。你还可以选择和同伴一起学，一起享受过程，而不是把学习当成任务。

2.1.4 学习目标与态度

熟悉下面这个故事吗？

你终于下定决心要学习编程了！怀着雄心壮志与无比的激动的心情想要开启新的职业生涯，于是迫不及待地在技术平台上注册了账号，然后直到深夜都在浏览编程相关的资料，眼里满是对编程知识的渴望。

在接下来的几个星期里，你白天忙碌工作，晚上学习编程，一如既往地坚持着，尽管努力，但是你渐渐地发现，你总是不能很好地理解一些概念和定义，而且没有人可以为你解答疑问。

你牺牲了所有空闲时间来学习，电视都舍不得看一下，也没有和朋友聚会。

坚持了几个月以后，长期熬夜导致的睡眠不足让你非常难受，你艰难地意识到你不可能在短时间之内找一份编程的工作，这真的很打击你。

最后，你决定休息一会儿，因为你真的感觉自己没有动力继续下去，而且真的非常疲惫。

年底，你发现你有一阵子没怎么认真看过编程教程了。很遗憾，你将之前的目标置之脑后了。

你是否在这个故事中看到了自己的影子？

如果你曾经自学过编程，那么你可能感受过这样的挣扎。

自学编程或者其他技能和在学校里学习是两回事，因为你没有必要学习的课程，没有考试，没有分数，甚至连可以督促你学习的对失败的害怕也没有。

如果你正在自学编程，那么你需要自己给予自己源源不断的动力。

怎样才能让自己充满动力，坚持到最后呢？

这很难，但并不是不可能的，接下来告诉你一些实用的技巧。

（1）找到目标

在刚开始学习的时候，你需要设置一个清晰的目标——这可能是老生常谈，却很重要。花一些时间想想你最想要达到的目标是什么，以及什么是对你最重要的。

你的目标可能是找一个全职的编程工作，提高家庭收入，或者是找一份远程的自由的工作，抑或是创业或其他。

总而言之，你需要清楚你到底为什么学习编程。只有想清楚这个问题，你才能在学习过程中拒绝其他诱惑，坚持到底。

一旦你想清楚了自己的目标，就把它写下来。不需要写得多么细致，只需要将它简单地写在一个便利贴或者一张纸上，并贴在自己经常看得到的地方。它真的会提醒你，让你时刻清楚你的目标，让你甘愿用自己的业余时间来坚持学习。

想一想，你学习编程的目标是什么呢？

（2）设置合理的期望值

让学习编程的过程充满动力，反过来说，就是尽量少地感受到那些让你放弃的挫败感。

无论学习什么，过高的期望值都是学习路上的绊脚石。为什么这么说呢？因为大多数时候你感受到挫败感，都是因为你设置了过高的期望值。

就从编程这一方面来说，希望自己花 6~12 周就从一个新手变成专家——如果你的目标是这样的，那么可能你从一开始就失败了。

当然，我不是说只学习几周就找到工作是不可能的，但真的太难了。

我个人认为，如果你只是利用业余时间学习编程，那么从开始学习到找到一份编程工作，通常需要花费 1~2 年时间。当然，这还取决你将多少时间投入到编程的学习中。如果你已经有一份工作，或者有孩子，那么你肯定比学生或者没有工作的人投入的时间要少得多，你经历的周期会更长。学习能力会影响学习时间，毕竟每个人的学习能力都不相同。

所以，保持自己的学习节奏就好了。试着记录自己的学习过程，不要给自己设置不切实际的目标。

（3）保持一个稳定的节奏

苟有恒，何必三更起五更眠；最无益，只怕一日曝十日寒。

刚开始学习时，你很可能完全投入进去，每天学习很长时间。然而，我在上面的建议中已经说到，那可能是一个不现实的期望，最后你可能会因精疲力竭而放弃学习。

合理的方式是你能够给自己制定一个稳定的、可实现的每天或者每周学习编程的时间计划，就算每一天只学习 30 分钟，一周就有 3.5 个小时，一个月就有 15 个小时，一年就有 180 多个小时。当你计划好了自己的学习时间，就坚持下去。

量变将产生质变。举个例子，你每天花 4~5 分钟来刷牙，几天看不出区别，但时间一长，就有很大的区别了，你会拥有一口洁白的好牙，而不是一口蛀牙。

这就是缓慢而持久的坚持比爆发性的短暂努力更重要的原因。

（4）增强意志力

在锻炼肌肉的过程中，刚开始的时候是最困难的，但随着时间的推移，锻炼会强化你的肌肉，同样的锻炼就会更加轻松（这就是举重运动员为什么会不断增加举重的负荷的原因，因为他们需要持续不断地锻炼他们的肌肉）。

同样，在编程工作初期，你一定会遇到很多棘手的问题，它们会让你产生自我怀疑："我是否真的适合编程？"如果没有强大的意志力，那么你也许会放弃。但是，如果你能够明白，意志力可以通过逐步训练而变得强大，那么你就会寻找更多的方法，从不同角度来增强它。

克服困难，强迫自己完成，次数多了，意志力就会变强。

如果你有一个合理且具体的目标，保持自己的学习节奏，同时理解"重复次数越多，做起来就越简单"的道理，那么中途放弃的可能性会大大降低。

（5）学会休息

我在开发者社区里发现，很多人都是晚上熬夜敲代码，或者早上起得很早来敲代码。这种行为只可能是短暂的，真的不推荐长期这样。

以我的经验来说，在白天上班时间，我一直在进行开发工作，空闲时间就花在技术社区上，经常熬夜到凌晨来写教程或者技术文章。

有一个周末，我一如既往地把所有空闲时间都用来写教程或者技术文章。这样做的结果是，在周日晚上，我一想到明天又要工作一整天，就感到特别的疲惫和难受。

我意识到自己已经耗尽了所有精力和热情，真的需要休息来给自己充一充电了。

第二周，我抽出一天的时间来彻底放松自己，不干任何工作，只是躺在椅子上闲适地看了一天的书。这样度过一天以后，我感到前所未有的放松。

在学习编程的过程中，确保不要把所有时间都用来学习、工作，要在条件允许的范围里适当休息。从长远来看，它将帮助你取得进步。

（6）别让冒充者综合征毒害你

冒充者综合征不仅新手会遇上，一些比较厉害的开发者也会遇上，因为他们永远觉得自己不够好。

这是开发者普遍会遇到的问题，原因之一是编程有太多种类，如 Web 开发有很多不同的领域，以及多种多样的编程语言和技术栈，而且每隔一段时间就会出现新的框架和工具。

这样大量"需要"知道的技能真的很容易把人压倒，难怪那么多充满热情的开发者都被冒充者综合征困扰。

消除冒充者综合征困扰需要耐心和专注力。

你并不需要学习你听说过的所有编程知识。诚实地说，没人可以知道所有事情。大多数开发者都只精通一种或者两种编程语言，熟悉或者了解其他编程语言。

学习更多的编程语言是没有问题的，但一定不要尝试过多，否则你的注意力就太分散了。相反的，你应该专注于一种编程语言和一种技术栈，然后精通它们。

这样，随着你的技术水平的提升，你的自信会增加。这样做的好处是你可以掌握编程的核心原则，以后学第二门编程语言、其他框架或工具都会更快、更容易。

另外，对自己要有耐心（和"设置合理的期望值"类似）。我们需要认识到学习编程就像一场马拉松而不是短跑，编程是需要很长时间才能精通的。

虽然需要很长时间，但坚持不懈，终能抵达终点。

如果你有耐心，并且专注于学习少量的技能，就能消除冒充者综合征所带来的困扰。

（7）找到有志同道合的人的社区

在自学编程的过程中，另一个很常见的现象是"孤独"。在学校里上课的时候，有一起上课的同学，有可以解答疑问的老师，而在网上自学，基本上没有同学和老师。

寻找同学和老师或许是很困难的，但下面的一些在线资源你可以利用起来。如果你以前从来没有加入过社区，那么我极力推荐你看看下面的资源。

1）GitHub：全球最大的开发者平台之一，提供代码托管服务，开源产品或商业产品均可使用。对于程序员来讲，这里基于各种编程语言的开源类库、产品应有尽有，可谓"一站在手，遍览天下代码"。

2）CSDN：专业 IT 技术社区，涵盖业界资讯、技术博客、技术论坛、在线课程等。

3）掘金技术社区：有技术温度、创作内容质量极高的技术论坛。作者的技术博客写作之旅是从这里起步的。

4）51CTO：IT 技术网站。与 CSDN 类似，涵盖业界资讯、技术博客、在线课程等。

5）思否：综合性 IT 技术网站，在该网站上可以学习技能、寻求问题答案。

6）博客园：老牌博客社区，开发者的"网上家园"。

7）开源中国：综合性 IT 技术社区，在这里可以浏览开源项目和技术新闻、问答求助、写博客，也可以托管代码、交易项目、招聘求职等。

8）Stack Overflow：专业的编程技术问答网站。用户遇到的大部分问题，都可以在这里找到答案。

缓解"孤独感"的一个好办法就是加入一个社区。

找到其他有相似经历的人，他们可能正在努力解决与你相同的问题，可以极大地鼓励和激励你。

（8）参加线下活动

当你在线上找到社区以后，不要忽视线下活动，想办法去找那些和编程相关的线下活动。

经常参加线下活动有许多好处：和其他开发者见面并交流可能会产生一些共鸣，可以讨论你遇到过的问题，或者分享解决问题的思路。

而且，很多技术公司倾向于招聘那些经常参加或者组织线下活动的人。在活动中，你有机会接触到一些公司的技术负责人，说不定还可以通过他们获得工作机会。

总之，抽出时间参与线下开发者活动，你总会有所收获。

（9）不要和别人做比较

在编程社区中，记住不要和别人做比较。当然，我们不可能忽视别人正在做什么或者取得的成就，但你真的没必要与其他人的节奏一致。

看到其他人在成长过程中拥有的动力，然后将一些能量转移到自己的成长过程中，这是没问题的。但当看到很厉害的人有着过人的履历，你可能会感觉沮丧或者嫉妒，这真的会打击自己的学习积极性。

记住，每个人都有不同的成长环境和成长速度。有些人会比你有更多的学习时间，学习速度也可能比你更快。同样，一些人会比你的学习时间更少，学习速度比你更慢。其实，别人的学习速度对你没有任何影响。

所以，不要因别人的成绩而焦虑，只需要关心自己的成长过程就好了。

（10）保持好奇心，享受编程

程序员具备的非常棒的特质就是好奇。想弄清楚"程序是怎样运转的"，这是我开始喜欢编程和计算机的一个重要原因！

在学习时，如果你一段时间内一直专注于一个狭窄区域，则可能会由于某种原因而感到疲倦。如果你一段时间内一直在看某一门编程语言的教程，感觉头脑有点混乱，那么可以尝试探索一下其他编程领域，或者看一些和你当前学习领域不同的视频和文章。

在不同的知识领域之间切换，可以让自己对它们保持新鲜感。

编程有各种各样的乐趣：CSS动画、有趣的API，甚至可以自己动手开发一个小型程序来玩。举个例子，你可以将预设好的文字和短语，随机拼凑在一起，组成一篇文章，就像"废话文学"一样。它虽然不是世界上最复杂的程序，但真正让你感受到了编程的乐趣，而且可以让你在朋友圈中炫耀一番。

原来带着目标去学，才能步步为营。有一个健康的学习心态，才能持续前进。

美国哲学家、诗人爱默生说过，"一心向着自己目标前进的人，整个世界都会给他让路"。

2.2 计算机基础技术

技术是程序员安身立命之本，我们必须关注基础技术，因为基础决定上限。

本节将介绍计算机中一些基础技术，作者认为这些基础技术是计算机从业人员应该认真学习的技术，它们分别是：计算机网络、计算机组成、操作系统、数据结构、数据库，如图2-2所示。

作者之所以把这五种技术作为基础技术，其实有点功利之心，因为在面试大厂的时候，涉及这五种技术基础技术的问题非常多。至于编译原理、汇编语言、数学基础等，并不是说不重要，只是在面试中较少被提及。

图 2-2

　　这些基础技术涉及的内容很多，每个都能单独衍生出一本书。这里不期望面面俱到，只是以作者的经验，抽取其中的重点，进行有针对性的介绍。对于编程已经入门的读者，可泛读或跳过此节。对于编程技术的了解还不够清晰的读者，建议认真阅读，特别是本节提要部分，以期最后能构建一个基础技术的框架，方便以后不断往里面填充内容，如图 2-3 所示。

图 2-3

2.2.1　计算机网络基础

我们每天都在使用互联网，你是否想过这样一个问题，它是如何实现的？

1. 计算机网络发展史

1946 年，世界上的第一台计算机问世，此时还没有计算机网络，所以计算机只能单机工作，即使两台计算机的距离非常近，它们也只能像两个内向的孩子，守着自己的一隅。

二战之后，出于军事的目的，美国组建了一个神秘的部门——ARPA（美国国防部高级研究计划局），这个部门应美国国防部的要求打算研制一种分散的指挥系统，这个系统会有很多节点，每当其中某些节点被摧毁后，其他节点仍能相互通信。ARPA 将它命名为 ARPANET（阿帕网）。ARPANET 是最早的计算机网络之一，它就是互联网的前身。

ARPANET 是最早使用分组交换的计算机网络之一，通过包交换系统进行通信的数据会被格式化为带有目标机器地址的数据包，然后发送到网络上由下一台机器接收。

"数据包"一词是由 Donald Davies 在 1965 年创造的，用于描述通过网络在计算机之间传输的数据。数据包在计算机网络中的位置举足轻重，可以说是互联网的"主人公"。

ARPANET 于 1969 年正式投入运行。同年，第一台网络交换机实现了在 ARPANET 上的第一次数据传输，这标志着互联网的正式诞生。

2. TCP/IP

最初的 ARPANET 只能够在 4 个节点之间相互通信，数量较少。而且，当时的 ARPANET 有很多局限性，比如不同计算机网络之间不能互相通信，为了解决这个问题，ARPA 又启动了新的研究项目，设法将不同的计算机局域网进行互联。

早期的 ARPANET 采用的是一种名为 NCP 的网络协议，但是随着网络的发展，以及多节点接入和用户对网络需求的提高，NCP 已经不能充分满足 ARPANET 的发展需求。而且 NCP 还有一个非常严重的缺陷，就是它只能用于相同的操作系统环境中。

所以，ARPANET 急需一种新的协议来替换已经无法满足需求的 NCP，这个重担落到了 Robert E. Kahn 和 Vinton G. Cerf 身上，于是他们提出了新的传输控制协议——TCP（Transmission Control Protocol）。1974 年，他们在 IEEE 期刊上发表了题为《关于分组交换的网络通信协议》的论文，正式提出 TCP/IP，用以实现计算机网络之间的互联。

虽然我们认为 TCP/IP 是一项非常伟大的发明，但在当时的背景下，却不被人们看好，而且 TCP/IP 的四层模型相比 ISO 提出的七层模型来说，显得比较简陋。但是功夫不负有心人，经过 4 年时间的不断改进，终于完成了 TCP/IP 基础架构的搭建。终于，在 1983 年，ARPA 决定淘汰 NCP，取而代之的是 TCP/IP。从论文发表到被采纳，用了将近十年时间。1985 年，TCP/IP 成为 UNIX 操作系统的组成部分。之后几乎所有的操作系统都逐渐支持 TCP/IP，这个协议成为主流。

3. 万维网的崛起

20 世纪 80 年代初期，ARPANET 取得了巨大的成功，但是没有获得美国联邦机构合同的学校不能使用。为了解决这个问题，美国国家科学基金会（NSF）开始着手建立给大学生使用的计算机科学网（CSNet）。CSNet 是在其他基础网络之上加的协议层，它使用其他网络提供的通信能力，从用户角度来看，它也是一个独立的网络。CSNet 采用集中控制方式，所有信息交换都要经过一个中继器。

1986 年，NSF 分别在五所大学投资建立了超级计算机中心，并形成了 NSFNET。由于 NSF 的鼓励和资助，因此很多大学、政府机构甚至私营的研究机构纷纷把自己的局域网并入 NSFNET。1986~1991 年，NSFNET 的子网从 100 个迅速增加到 3000 多个。

随着学校、学术团体、企业、研究机构甚至个人的不断加入，Internet 的使用者不再局限于纯计算机专业人员。新的使用者发觉计算机相互间的通信对他们来讲更有吸引力。于是，他们逐步把 Internet 当作一种交流与通信的工具，而不仅仅只是共享 NSF 巨型计算机的运算能力。

Internet 是一系列全球信息的汇总网络，它由无数个子网组成，每个子网中都有若干台计算机。

20 世纪 90 年代初期，Internet 已经有了非常多的子网，各个子网分别负责自己的架设和运作费用，而这些子网又通过 NSFNET 互联。NSFNET 连接全美上千万台计算机，拥有几千万用户，是 Internet 的主要成员网。随着计算机网络在全球的拓展和扩散，美国以外的网络也逐渐接入 NSFNET 主干网或其子网。

1993 年是 Internet 发展过程中非常重要的一年，在这一年中，Internet 完成了到目前为止所有重要的技术创新，WWW（万维网）和浏览器的应用使 Internet 上有了一个令人耳目一新的平台：人们在 Internet 上所看到的内容不但包含文字，而且有了图片、声音和动画，甚至还有了电影。

4. 互联网协议

网络协议就是网络中（包括互联网）传递、管理信息的一些规范。如同人与人之间相互交流需要遵守一定的规矩，计算机之间的相互通信也需要共同遵守一定的规则，这些规则就称为网络协议。

没有网络协议的互联网是混乱的。在人类社会中，个体不能想怎么样就怎么样，个体的行为是受到法律约束的。同样，网络中的每台计算机不能随意发送数据，是需要受到通信协议约束的。

有些读者了解过 HTTP，它就是一个在计算机世界里专门在两点之间传输文字、图片、音频、视频等超文本数据的约定和规范。

互联网中不是只有 HTTP，其中还有诸如 IP、TCP、UDP、DNS 等协议。表 2-1 展示了 3 种网络体系结构对应的协议及其主要用途。

表 2-1　3 种网络体系结构对应的协议及其主要用途

网络体系结构	协 议	主 要 用 途
TCP/IP	HTTP、SMTP、TELNET、IP、ICMP、TCP、UDP 等	主要用于互联网、局域网
IPX/SPX	IPX、NPC、SPX	主要用于个人计算机的局域网
AppleTalk	AEP、ADP、DDP	苹果公司现有产品互联

ISO 在制定标准化 OSI 模型之前，对网络体系结构相关的问题进行了充分的讨论，最终提出了作为通信协议设计指标的 OSI 参考模型。这一模型将通信协议中必要的功能分为了 7 层，如图 2-4 所示。通过这 7 个分层，那些比较复杂的协议变得简单化。

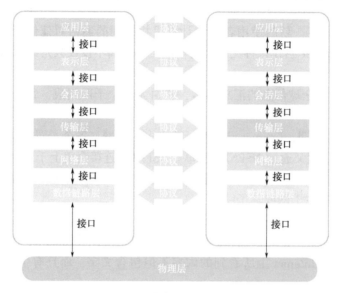

图 2-4

在 OSI 参考模型中，每一层协议都接收由其下一层所提供的特定服务，并且负责为上一层提供服务，上层协议和下层协议之间通常会开放接口，同一层之间的交互所遵守的约定叫作协议。

5. 网络核心概念

（1）传输方式

网络可以根据传输方式进行分类，一般分为面向连接型网络和面向无连接型网络。

在面向连接型网络中，在发送数据之前，需要在主机之间建立一条通信线路。

面向无连接型网络则不要求建立和断开连接，发送方可在任何时候发送数据，接收方不知道自己何时从哪里接收数据。

（2）分组交换

在互联网应用中，每个终端系统都可以彼此交换信息，这种交换的信息被称为报文（Message）。报文可以包括你想要的任何东西，比如文字、数据、音频、视频等。为了从源向端系统发送报文，需要把长报文切分为一个个小的数据块，这种数据块称为分组（Packet），也就是说，报文是由一个个小的分组组成的。在端系统和目的地之间，每个分组都要经过通信链路和分组交换机，分组在端系统之间交互需要经过一定的时间，如果两个端系统之间需要交互的分组数量为 L（单位为 bit），链路的传输速率为 R（单位为 bit/s），那

么传输时间就是 *L/R*（单位为 s）。

一个端系统需要经过交换机才能向其他端系统发送分组。当分组到达交换机时，交换机就能够直接进行转发吗？不是的，交换机首先要求把整个分组数据都发送给它，它再"考虑"是否转发的问题，这就是存储转发传输机制。

（3）电路交换

在计算机网络中，另一种通过网络链路和路由进行数据传输的方式就是电路交换（circuit switching）。电路交换在资源预留上与分组交换不同，具体有什么不同呢？

分组交换不会预留每次端系统之间交互分组的缓存和链路传输速率，所以每次都会进行排队传输；而电路交换会预留这些信息。举一个简单的例子来帮助你理解：有两家餐馆，A餐馆需要预定而 B 餐馆不需要预定，对于可以预定的 A 餐馆，我们必须提前与它进行联系，这样我们才能在到达目的地时立刻入座并选菜，而对于不需要预定的 B 餐馆，你可能不需要提前与它联系，但是必须承受到达目的地后需要排队的风险。

（4）单播、广播、多播和任播

在网络通信中，可以根据目的地址的数量对通信进行分类，可以分为单播、广播、多播和任播。

- 单播（Unicast）：它最大的特点就是通信采用一对一方式。早期的固定电话就是单播的一个例子。
- 广播（Broadcast）：我们小时候经常会做广播体操，这就是广播的一个示例。它是指主机将信号发送给所有与之相连的端系统。
- 多播（Multicast）：多播与广播很类似，也是将消息发送给多个接收主机，不同之处在于，多播需要限定某一组主机作为接收端。
- 任播（Anycast）：一种在特定的多台主机中选出一个接收端的通信方式。虽然任播和多播很相似，但是行为与多播不同，它是从目标机群中选出一台最符合网络条件的主机作为目标主机并发送消息，然后，被选中的特定主机将返回一个单播信号，这样才能与目标主机进行通信。

2.2.2 计算机组成基础

1. 冯·诺依曼结构

本节以冯·诺依曼结构为基础介绍计算机系统的各个组成部分，并与现代计算机的具体实现相对应。

现代计算机普遍采用存储程序结构，又称为冯·诺依曼结构，它是世界上第一个完整的计算机体系结构。

冯·诺依曼结构的主要特点如下。

1）计算机由存储器、运算器、控制器、输入设备和输出设备五部分组成，其中运算器和控制器合称为中央处理器（CPU），如图 2-5 所示。

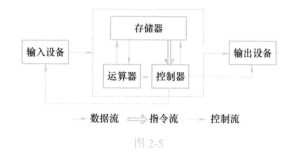

图 2-5

2）存储器具有按地址访问的线性编址的一维结构，每个单元的位数固定。

3）采用存储程序方式，即指令和数据不加区别地混合存储在同一个存储器中。

4）控制器通过执行指令发出控制信号来控制计算机的操作。指令在存储器中按其执行顺序存放，由指令计数器指明要执行的指令所在的单元地址。指令计数器一般按顺序递增，但执行顺序可按运算结果或当时的外界条件而改变。

5）以运算器为中心，输入/输出设备与存储器之间的数据传送都要经过运算器。

随着技术的进步，冯·诺依曼结构得到了持续的改进，主要包括以下几个方面。

1）由以运算器为中心改进为以存储器为中心。这使数据的流向更加合理，从而使运算器、存储器和输入/输出设备能够并行工作。

2）由单一的集中控制改进为分散控制。计算机发展初期，工作速度很低，运算器、存储器、控制器和输入/输出设备可以在同一个时钟信号的控制下同步工作。现在，内存速度很快，与输入/输出设备的速度差异很大，需要采用异步方式分散控制。

3）从基于串行算法改进为适应并行算法，出现了流水线处理器、超标量处理器、向量处理器、多核处理器、对称多处理器（SMP）、大规模并行处理机（MPP）和机群系统等。

4）出现了为适应特殊需要的专用处理器，如图形处理器（GPU）、数字信号处理器（DSP）等。

5）在非冯·诺依曼结构计算机的研究方面取得一些成果，如依靠数据驱动的数据流计算机、图归约计算机等。

虽然经过了长期的发展，但是在现代计算机系统设计方面占据主要地位的仍然是以存储程序和指令驱动执行为主要特点的冯·诺依曼结构。

2. 计算机的组成部件

按照冯·诺依曼结构，计算机包含五大部分，即运算器、控制器、存储器、输入设备和输出设备。

（1）运算器

运算器是计算机中的一个部件，主要负责计算。它包括算术和逻辑运算部件、移位部件、浮点运算部件、向量运算部件和寄存器等。运算器可以实现复杂的运算，比如乘除法、开方和浮点运算。它还可以设置条件码寄存器等专用寄存器，用于保存当前运算结果的状态。

运算器的运算类型经历了从简单到复杂的过程，最初只有简单的加减和逻辑运算，后来逐渐出现硬件乘法器和除法器。随着晶体管集成度的提升，处理器中集成的运算器数量也不断增加，通常被组织成一个运算单元，不同的处理器有不同的运算单元组织。

（2）控制器

控制器是一种装置，用于通过发出控制命令来自动、协调地控制计算机各部件的工作。它包含程序计数器和指令寄存器等组件，用于控制指令流和每条指令的执行。指令通过译码产生控制信号，用于控制运算器、存储器和 I/O 设备的工作。现代计算机通常把控制器和运算器集成在一起，称为中央处理器（CPU）。

指令的执行一般包括从存储器中取指令，对指令进行译码，从存储器或寄存器中读取指令执行所需的操作数，执行指令，然后把执行结果写回存储器或寄存器。上述过程称为一个指令周期。现代处理器通过指令流水线技术来提高指令执行效率。它把一条指令的执行分成若干阶段，从而减少每个时钟周期的工作量，提高主频，并允许多条指令的不同阶段重叠执行，实现并行处理。

（3）存储器

存储器是计算机的一种重要组成部分，它用于存储程序和数据。存储器分为主存储器、Cache 缓存和辅助存储器三个层次。

主存储器通常使用动态随机访问存储器（DRAM）实现，但速度不够快，容量也不够大。为了解决这个问题，引入了 Cache 缓存和辅助存储器。

Cache 缓存存放当前 CPU 频繁访问的部分主存储器内容，可以采用静态随机访问存储器（SRAM）实现。

辅助存储器用于扩大存储器容量，包括磁盘、磁带、光盘等存储介质。计算机运行时所需的应用程序、系统软件和数据等都先存放在辅助存储器中，在运行过程中分批调入主存储器。存储器的主要评价指标为存储容量和访问速度。

在现代计算机中，存储器通常采用多层次存储的方式，包括寄存器、主存储器、Cache 缓存和辅助存储器。存储器的种类有磁性存储介质、闪存、动态随机访问存储器和静态随机访问存储器等，不同种类的存储介质有不同的特点和优缺点。

目前，人们发明的用于计算机系统的存储介质主要包括以下 4 类。

- 磁性存储介质。如磁盘等，其优点有存储密度高、成本低、具有非易失性（断电后，数据可长期保存），缺点是访问速度慢。

- 闪存（Flash Memory）。它同样是非易失性的存储介质。与磁盘相比，它的访问速度更快，但成本更高、容量更小。随着闪存工艺技术的进步，闪存芯片的集成度不断提高，成本持续降低，闪存正在逐步取代磁盘以作为计算机尤其是终端的辅助存储器。
- DRAM 属于易失性存储器（断电后数据丢失）。其特点有存储密度较高（存储 1 位数据只需要一个晶体管）、需要周期性刷新、访问速度较快。其访问速度一般为几十纳秒。
- SRAM 属于易失性存储器（断电后数据丢失）。其存储密度不如 DRAM 高。它不用周期性刷新，但访问速度比 DRAM 快，可以达到纳秒级，小容量时能够和处理器核工作在相同的时钟频率。

在现代计算机中，将上述不同的存储介质组成不同的存储层次，以在成本合适的情况下降低对存储访问的延时，如图 2-6 所示。越往上的层级，速度越快，但成本越高，容量越小；越往下的层级，速度越慢，但成本越低，容量越大。图 2-6 所示的存储层次中的寄存器和主存储器直接由指令访问，Cache 缓存主存储器的部分内容；而非易失性存储器既是辅助存储器，又是输入/输出设备，非易失性存储器的内容由操作系统负责调入或调出主存储器。

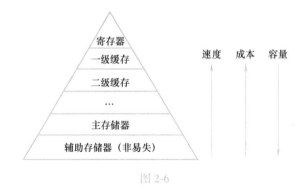

图 2-6

（4）输入/输出设备

输入/输出设备（I/O 设备）实现计算机与外部世界的信息交换。传统的 I/O 设备有键盘、鼠标、打印机和显示器等；新型的 I/O 设备能进行语音、图像、视频的输入、输出，以及手写体文字的输入，并支持计算机之间通过网络进行通信。磁盘等辅助存储器在计算机中被当作 I/O 设备来管理。

中央处理器（CPU）通过读写 I/O 设备控制器中的寄存器来访问及控制 I/O 设备。高速 I/O 设备可以在 CPU 安排下直接与主存储器成批交换数据，称为直接存储器访问（Directly Memory Access，DMA）。CPU 可以通过查询设备控制器状态与 I/O 设备进行同步，也可以通过中断与 I/O 设备进行同步。

下面以 GPU、硬盘和闪存为例介绍典型的 I/O 设备。

1）GPU。

图形处理单元（Graphics Processing Unit，GPU）是与 CPU 联系最紧密的外设之一，主要用来处理 2D 和 3D 的图形、图像与视频，以支持基于视窗的操作系统、图形用户界面、视频游戏、可视化图像应用和视频播放等。

当我们在计算机上打开播放器观看电影时，GPU 负责将压缩后的视频信息解码为原始数据，并通过显示控制器显示到屏幕上；当我们通过拖动鼠标移动一个程序窗口时，GPU 负责计算移动过程中和移动后的图像内容；当我们玩游戏时，GPU 负责计算并生成游戏画面。

GPU 驱动提供 OpenGL、DirectX 等应用程序编程接口以方便图形编程。其中，OpenGL 是一个用于 3D 图形编程的开放标准；DirectX 是微软公司推出的一系列多媒体编程接口，包括用于 3D 图形的 Direct3D。通过这些应用程序接口，软件人员可以很方便地实现功能强大的图形处理软件，而不必关心底层的硬件细节。

GPU 最早是作为一个独立的板卡出现的，所以称它为显卡。独立显卡和集成显卡的区别为 GPU 是作为一个独立的芯片出现还是被集成在芯片组或 CPU 中。现代 GPU 内部包含了大量的计算单元，可编程性越来越强，除用于图形图像处理以外，越来越多地用作高性能计算的加速部件，称为加速卡。

GPU 与 CPU 之间传输大量的数据。CPU 将需要显示的原始数据放在内存中，让 GPU 通过 DMA 的方式读取数据，经过解析和运算，将结果写至显存中，再由显示控制器读取显存中的数据并输出显示。在将 GPU 与 CPU 集成至同一个处理器芯片时，CPU 与 GPU 内存一致性维护的开销和数据传递的延时都会大幅降低。此时，系统内存需要承担显存的任务，访存压力会大幅增加，因为图形应用具有天生的并行性，GPU 可以轻松地耗尽有限的内存带宽。

GPU 的作用是对图形 API 定义的流水线实现硬件加速，主要包括以下几个阶段。

① 顶点读入（Vertex Fetch）：从内存或显存中取出顶点信息，包括位置、颜色、纹理坐标、法向量等属性。

② 顶点渲染（Vertex Shader）：对每一个顶点进行坐标和各种属性的计算。

③ 图元装配（Primitive Assembly）：将顶点组合成图元，如点、线段、三角形等。

④ 光栅化（Rasterization）：将矢量图形点阵化，得到被图元覆盖的像素点，并计算属性插值系数以及深度信息。

⑤ 像素渲染（Fragment Shader）：进行属性插值，计算每个像素的颜色。

⑥ 逐像素操作（Per-Fragment Operation）：进行模板测试、深度测试、颜色混合和逻辑操作等，并最终修改渲染缓冲区。

在 GPU 中，集成了专用的硬件电路来实现特定功能，同时集成了大量可编程的计算处理核心来用于一些通用功能的实现。设计者根据每个功能使用的频率、方法以及性能要求，选择不同的实现方式。在大部分 GPU 中，顶点读入、图元装配、光栅化和逐像素操作使用专用硬件电路实现，而顶点渲染和像素渲染采用可编程的计算处理核心实现。由于现代 GPU 中集成了大量可编程的计算处理核心，这种大规模并行的计算模式非常适合科学计算应用，所以在高性能计算机领域，GPU 常被用作计算加速单元以配合 CPU 使用。

2）硬盘。

计算机除需要内存存放程序的中间数据以外，还需要具有永久记忆功能的存储体来存放需要较长时间保存的信息，如操作系统的内核代码、文件系统、应用程序和用户的文件数据等。该存储器除容量必须足够大以外，价格还要足够便宜，同时速度还不能太慢。在计算机的发展历史上，磁性存储材料正好满足了以上要求。磁性存储材料具有断电记忆功能，可以长时间保存数据；磁性存储材料的存储密度高，可以搭建大容量存储系统；同时，磁性存储材料的成本很低。

人们目前使用的硬盘就是一种磁性存储介质。硬盘的构造原理：将磁性存储材料覆盖在圆形碟片（或者称为盘片）上，通过一个读写头（磁头）悬浮在碟片表面来感知存储的数据；通过碟片的旋转和磁头的径向移动来读写碟片上任意位置的数据；碟片被划分为多个环形的轨道（称为磁道，Track）以保存数据，每个磁道又被分为多个等密度（等密度数据）的弧形扇区（Sector）以作为存储的基本单元。磁盘的内部构造如图 2-7 所示。硬盘在工作时，盘片是一直旋转的，当想要读取某个扇区的数据时，首先要将

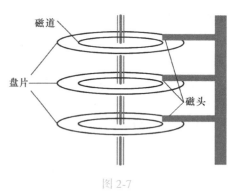

图 2-7

磁头移动到该扇区所在的磁道上，当想要读写的扇区旋转到磁头下时，磁头开始读写数据。

衡量磁盘性能的指标包括响应时间和吞吐量，也就是延时和带宽。

磁盘是由磁盘控制器控制的。磁盘控制器控制磁头的移动、接触和分离，以及磁盘和内存之间的数据传输。另外，通过 I/O 操作访问磁盘控制器会引入新的时间。现在的磁盘内部一般都会包含一个数据缓冲，读写磁盘时，如果访问的数据正好在缓冲中命中，则不需要访问磁盘扇区。还有，当有多个命令读写磁盘时，还需要考虑排队延时。因此，磁盘的访问速度计算起来相当复杂。一般来说，磁盘的平均存取时间为几毫秒。

磁盘的密度在持续增加，对于用户，磁盘的容量在不断增大。磁盘的尺寸经历了一个不断缩小的过程，从最大的 14in（1in＝0.0254m）到最小的 1.8in。目前市场上常见的磁盘尺寸包括应用于台式机的 3.5in 和应用于笔记本计算机的 2.5in。

3）闪存。

闪存是一种半导体存储器，它和磁盘一样是非易失性的存储器，但是它的访问延时只有磁盘的千分之一到百分之一，而且它的尺寸小、功耗低、抗震性更好。常见的闪存有 SD

卡、U 盘和 SSD（固态磁盘）等。与磁盘相比，闪存的每 GB 价格较高，因此容量一般相对较小。目前，闪存主要应用于移动设备中，如移动电话、数码相机、MP3 播放器，主要原因在于它的体积较小。闪存在移动市场上具有很强的应用需求，工业界投入了大量财力来推动闪存技术的发展。随着技术的发展，闪存的价格在快速下降，容量在快速增加，因此 SSD 技术获得了快速发展。SSD 是使用闪存构建的大容量存储设备，它模拟硬盘接口，可以直接通过硬盘的 SATA 总线与计算机相连。

最早出现的闪存被称为 NOR 型闪存，因为它的存储单元与一个标准的"或非"门很像。NAND 型闪存采用另一种技术，它的存储密度更高，每 GB 的成本更低，因此它适合构建大容量的存储设备。前面所列的 SD 卡、U 盘和 SSD 一般都是用 NAND 型闪存构建的。

使用闪存技术构建的永久存储器存在一个问题，即闪存的存储单元随着擦写次数的增多而存在损坏的风险。为了解决这个问题，大多数 NAND 型闪存产品内部的控制器采用地址块重映射的方式来分布写操作，目的是将写次数多的地址转移到写次数少的块中。该技术被称为磨损均衡（Wear Leveling）。闪存的平均擦写次数在 10 万次左右。这样，通过磨损均衡技术，移动电话、数码相机、MP3 播放器等消费类产品在使用周期内就不太可能达到闪存的写次数限制。闪存产品内部的控制器还能屏蔽制造过程中损坏的块，从而提高产品的良品率。

本节重点介绍了冯·诺依曼结构组成部分的结构及各部分之间的关系，尤其是 CPU、内存、I/O 之间的相互关系。

2.2.3　操作系统基础

操作系统是一种管理硬件和软件的应用程序。操作系统是运行在计算机上非常重要的一种软件，它管理计算机的资源和进程，以及所有的硬件和软件。它为计算机的硬件和软件提供了一种中间层，使应用软件和硬件分离，无须关注硬件的实现，可把关注点更多地放在软件应用上。

通常情况下，计算机上会运行着许多应用程序，它们都需要与内存和 CPU 进行交互，使用操作系统的目的就是保证能够准确无误地进行这些访问和交互。

（1）主要分类

操作系统是一种软件，使用它的主要目的有以下三种。

① 管理计算机资源，这些资源包括 CPU、内存、磁盘驱动器、打印机等。

② 提供一种图形界面，就像前面描述的那样，它提供了用户和计算机之间交互的"桥梁"。

③ 为其他软件提供服务。操作系统与应用软件进行交互，以便为它们分配运行所需的任何必要资源。

操作系统通常预装在你购买的计算机之中。大部分用户都会使用默认的操作系统，但是你也可以升级甚至更改操作系统。常见的操作系统只有三种：Windows、macOS 和 Linux。

我们可能对前两种操作系统更加熟悉，而最后一种操作系统也是程序员必须要熟知的。

（2）主要功能

一般来说，现代操作系统主要提供下面 5 种功能。

- 进程管理：主要作用就是任务调度。在单核处理器下，操作系统会为每个进程分配一个任务，进程管理的工作非常简单；而在多核处理器下，操作系统除要为进程分配任务以外，还要解决处理器的调度、分配和回收等问题。
- 内存管理：主要负责管理内存的分配、回收，在进程需要时分配内存以及在进程完成时回收内存，协调内存资源，通过合理的页面置换算法进行页面的换入和换出。
- 设备管理：根据确定的设备分配原则对设备进行分配，使设备与主机能够并行工作，为用户提供良好的设备使用界面。
- 文件管理：有效地管理文件的存储空间，合理地组织和管理文件系统，为文件访问和文件保护提供更有效的方法和手段。
- 提供用户接口：操作系统提供了访问应用程序和硬件的接口，使用户能够通过应用程序发起系统调用，从而操纵硬件，实现想要的功能。

（3）软件访问硬件

软件访问硬件其实就是一种 I/O 操作，软件访问硬件的方式也就是 I/O 控制方式。硬件在 I/O 上的连接方式大致分为串行和并行，分别对应串行接口和并行接口。

随着计算机技术的发展，I/O 控制方式也在不断发展。选择和衡量 I/O 控制方式有如下三条原则：

① 数据传送速度足够快，能满足用户的需求但又不丢失数据；

② 系统开销小，所需的处理控制程序少；

③ 能充分发挥硬件资源的能力，使 I/O 设备尽可能忙，而 CPU 等待时间尽可能少。

（4）进程

进程就是正在执行程序的实例，如 Web 程序是一个进程，Shell 是一个进程。

操作系统负责管理所有正在运行的进程，它会为每个进程分配特定的时间来占用 CPU，还会为每个进程分配特定的资源。

操作系统为了跟踪每个进程的活动状态，维护了一个进程表。在进程表的内部，列出了每个进程的状态以及每个进程使用的资源等。

（5）线程

上面提到的进程是正在运行的程序的实例，而线程其实就是进程中的单条执行路径。因为线程具有进程中的某些属性，所以线程又被称为轻量级的进程。如果浏览器是一个进程，那么浏览器中的每个标签页可以被看作一个个线程。

线程不像进程那样具有很强的独立性，线程之间会共享数据。

创建线程的开销要比进程小很多，因为创建线程仅仅需要堆栈指针和程序计数器，而创建进程需要操作系统分配新的地址空间、数据资源等，这个开销比较大。每个进程和线程中的内容如图 2-8 所示。

多线程编程是程序员的基本素养，所以，下面列出一些多线程编程的好处：

每个进程中的内容	每个线程中的内容
地址空间	程序计数器
全局变量	寄存器
打开文件	堆栈
子进程	状态
即将发生的定时器	
信号与信号处理程序	
账户信息	

图 2-8

- 能够提高系统的响应速度；
- 能实现流程中的资源共享；
- 经济、适用；

（6）进程通信

在多进程系统中，多个进程可能需要同时访问某个共享的资源，但是，如果多个进程同时修改这个资源，就可能会导致程序出错，这种情况称为竞态条件。为了避免竞态条件，需要使用互斥锁来确保同一时间只有一个进程修改共享资源。常用的互斥锁方案是"忙等互斥"，即当一个进程在修改资源时，其他进程必须等待。

（7）进程状态

当一个进程开始运行时，它可能会经历下面这 3 种状态。

① 运行态：进程实际占用 CPU 时间片运行时。

② 就绪态：可运行，但因为其他进程正在运行而处于就绪状态。

③ 阻塞态：又称为睡眠态，它指的是进程不具备运行条件，正在等待被 CPU 调度。

从逻辑上来说，运行态和就绪态是很相似的。这两种情况下都表示进程可运行，但是后一种情况没有获得 CPU 时间分片。第三种状态与前两种状态的不同之处是进程不能运行，CPU 空闲时也不能运行。

进程状态间会发生转换，由操作系统的一部分——进程调度程序引起。当前已有许多算法来平衡系统效率和各个进程之间的竞争需求。

本小节重点介绍了操作系统的分类、特点，以及对于进程、线程的认识，这些都是操作系统基础知识中无法绕开的重点。

2.2.4　数据结构基础

"巧妇难为无米之炊"，再强大的计算机，也要有"米"才可以干活，否则就是一堆破铜烂铁。这个"米"就是数据，数据是计算机的原始资料。

"米"又可以做成各式各样的美食，如米粉、米糕、米饼、米酒、粽子、寿司等。同理，数据也可以组成各种"数据结构"。

数据结构就是数据的容器、载体。

数据结构内容很多，早在1968年它就被作为一门独立的课程而在大学中设立。我们引入数据结构的基本介绍，它可用来在初学时构建印象，或在温习时梳理体系。

1. 常见数据结构

数据结构中有一些常见的类型，它们分别是栈、队列、数组、链表、树、堆、图、哈希表。

这样一眼望过去，肯定是很难记住的，我们对它们进行简单归类。

栈、队列、数组、链表都属于线性表。什么是线性表？线性表的全称为线性存储结构。可以这样理解使用线性表存储数据的方式，即"先把所有数据用一根'线'串起来，再存储到物理空间中"。

树、堆都属于"树"这一类，堆是一种特殊的树结构。

图和哈希表都是单独的一类。

我们将上述关系画成一张思维导图，数据结构中的常见类型就会一目了然，如图2-9所示。

（1）栈和队列

我们首先分别讲一下线性表中"栈"和"队列"的特性，这是数据结构中的重点。

什么是栈？栈是一种"后进先出"的数据结构。什么是"后进先出"？举个通俗的例子，比如薯片桶，第一片薯片放在桶底部，然后放第二片、第三片等，直至放满。当我们要吃的时候，总是会拿顶层的薯片，这说明后放入薯片桶的薯片将会被先拿出来。

栈主要有"入栈"和"出栈"两种操作。

什么是队列？队列是一种"先进先出"的数据结构。队列的概念相比栈更容易理解。在现实生活中，我们经常排队，先排上队的，能优先出队，进一步处理相关事宜。

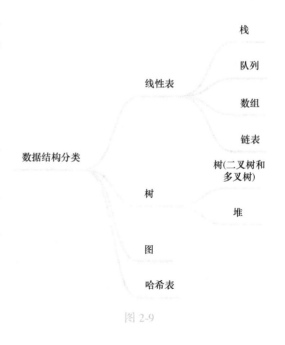

图 2-9

队列有"入队"和"出队"两种操作，很明显，入队是在队尾进行操作，出队是在队首进行操作，这就和栈不一样了，对于栈，入栈和出栈都是在栈顶进行操作。

思考题：结合栈和队列这两种数据结构的特性，如果想遍历并取得一组数据中的其中一个，那么使用哪种数据结构会更快？

（2）数组和链表

数组是编程中非常重要的一种数据结构，它定义了一个有序的元素序列集合。

你可以把数组想象成一个连续的台阶，如果想知道哪个台阶上放了什么东西，只需要知道这个台阶的下标号，就可以直接去这个下标号对应的台阶上取东西了，不需要查询其他台阶的下标号和对应的东西，也不用一阶阶地去找。所以，数组的查询速度非常快。

链表则表示一组可变数量数据项的有序集，它的元素的存储位置并非是连续的，它的核心原理是通过指针指向来实现有序。和数组相比，链表更适合插入、删除操作频繁的场景。

（3）树

树是一种抽象数据类型，用来模拟具有树状结构性质的数据集合。它大概长成图 2-10 这样。

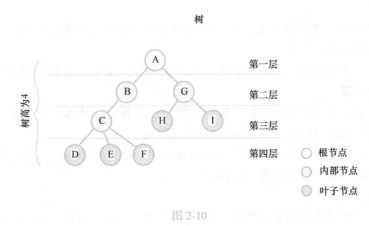

图 2-10

从定义上来讲，它是由 n（$n>0$）个有限节点组成的一个具有层次关系的集合。其实，它看起来像是一棵倒立的树，根节点在上，而叶子节点在下。

树分为两大类：二叉树和多叉树。其中二叉树可以进行细分，如分成完全二叉树、平衡二叉树、二叉查找树等，平衡二叉树又可细分为 AVL 树、红黑树等，这里不逐一展开讲解了。

（4）图

图就是一些顶点的集合，这些顶点通过一系列边结对连接。如图 2-11 所示，顶点用圆圈表示，边就是这些圆圈之间的连线。

很多现实问题都可以用图这种数据结构来表示，比如著名的旅行家问题：一位旅行家要游历 n 个城市，要求对各个城市游历且仅游历一次，然后回到出发城市，并要求所走的路程最短。

在图这个数据结构中，有两个重要的算法：深度优先搜索（DFS）和广度优先搜索（BFS），它们也是我们要重点关注的，下文会展开介绍。

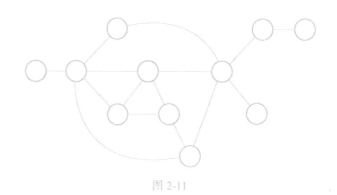

图 2-11

（5）哈希表

哈希（Hash）表，也称散列表，是一种有效实现字典操作的数据结构。它其实是数组的一种扩展，由数组演化而来。

哈希表中记录的是确定的对应关系，每个关键字（key）都能通过确定的对应关系 $f(key)$ 找到存储的值。

哈希表的重要性不言而喻，它的现实应用场景遍地都是，比如根据电话号码查找姓名、根据映射 IP 查找网站，以及很多网站用到的缓存机制。

需要特别提出的是，在哈希表中，我们需要了解一个重要的问题，那就是"哈希冲突"（也称"散列冲突"或"哈希碰撞"）问题。

什么是"哈希冲突"？

简而言之，在哈希表的映射过程中，若 $f(key1)$ 和 $f(key2)$ 的值是同一个值，则表示发生了"哈希冲突"。原本的期望是输入和输出逐一对应，现在却有两个输入对应同样的一个输出，这导致无法识别来源。

解决哈希冲突的有效方法是扩大取值空间，避免经过哈希运算后得到同样的值。

2. 常见算法

通俗来讲，算法是一种计算机通过一个固定的运算过程，将各类数据结构进行运算操作的方法。算法也是程序员不能忽视的技能点。

这里将对一些著名的算法进行介绍，它们每一个都是经典算法，值得读者学习。

（1）排序算法（数组）

排序算法是一种基础且适合算法入门的经典算法。在面试中，经常会涉及排序算法及其相关的问题，有时被面试者会被要求现场手写基本的排序算法。因此，熟悉排序算法的思想及其特点并能够熟练手写代码至关重要。

我们经常会看到这样的文章标题：《十大经典排序算法详解》《八大排序算法总结》，的确，排序算法有很多：冒泡排序、选择排序、插入排序、归并排序、快速排序、希尔排序、堆排序、计数排序、桶排序、基数排序。

　　这里不打算一一展开，只介绍其中两种重要的排序方法：冒泡排序和快速排序，它们在面试中出现的频率相当高。

　　1）冒泡排序。

　　冒泡排序是一种简单的排序算法。它重复地"走访"要排序的数列，一次比较两个元素，如果它们的顺序错误，就把它们交换过来。"走访"数列的工作是重复进行的，直到再没有需要交换的元素为止，也就是说，该数列已经排序完成。

　　算法描述：比较相邻的元素，如果第一个比第二个大，就交换它们；对每一对相邻元素做同样的工作，从开始的第一对到结尾的最后一对，这样，最后的元素应该是最大的数；针对所有的元素重复以上步骤，除了最后一个；重复上述步骤，直到排序完成为止。

　　Java 实现：

```java
public static void bubbleSort(int[] arr) {
    int temp = 0;
    for (int i = arr.length - 1; i > 0; i--) { // 每次需要排序的长度
        for (int j = 0; j < i; j++) { // 从第一个元素到第 i 个元素
            if (arr[j] > arr[j + 1]) {
                temp = arr[j];
                arr[j] = arr[j + 1];
                arr[j + 1] = temp;
            }
        }//loop j
    }//loop i
}// method bubbleSort
```

　　2）快速排序。

　　快速排序是一个知名度极高的排序算法，它在大数据中体现出的优秀排序性能和相同复杂度算法中相对简单的实现使它得到比其他算法更多的"宠爱"。

　　算法描述：从数列中挑出一个元素，称为"基准"，所有比基准值小的元素摆放在基准前面，所有比基准值大的元素摆在基准后面（相同的数可以放到任何一边）；在这个分区操作结束之后，该基准就会处于数列的中间位置；然后，递归地对小于基准值的元素的子数列和大于基准值的元素的子数列排序。

　　Java 实现：

```java
public static void quickSort(int[] arr){
    qsort(arr, 0, arr.length-1);
}
private static void qsort(int[] arr, int low, int high){
    if (low >= high)
        return;
    int pivot = partition(arr, low, high);          //将数组分为两部分
```

```
        qsort(arr, low, pivot-1);                    //递归排序左子数组
        qsort(arr, pivot+1, high);                   //递归排序右子数组
    }
    private static int partition(int[] arr, int low, int high){
        int pivot = arr[low];                        //基准
        while (low < high){
            while (low < high && arr[high] >= pivot) --high;
            arr[low]=arr[high];                      //交换比基准值大的记录到左边
            while (low < high && arr[low] <= pivot) ++low;
            arr[high] = arr[low];                    //交换比基准值小的记录到右边
        }
        //完成遍历
        arr[low] = pivot;
        //返回基准位置,这里以数组最右端一个(最小值)为基准
        return low;
    }
```

快速排序在大多数情况下都是适用的,尤其在数据量大的时候,其性能优越性更加明显。

(2)二分查找(数组)

除排序算法以外,二分查找也是经典的算法面试题。它是一种查找算法,适用于在已经排好序的数组中找到一个特定的值。

算法思路:找到数组的中间元素坐标并记录,将需要查找的元素与中间元素进行比较,如果大于中间元素,则截取中间元素以后的所有元素作为新的数组,并将中间元素设为新数组的起始元素,如果小于中间元素,则截取中间元素以前的所有元素作为新的数组;然后在新的数组中找到中间元素,继续进行比较,如果中间元素等于目标值,则返回输出。

Java 实现:

```java
public static int binarySearch(int[] arr, int value) {
        int min = 0;
        int max = arr.length - 1;
        while (min <= max) {
            int mid = (max + min) >>1;
            if (arr[mid] == value) {
                return mid;
            }
            if (value < arr[mid]) {
                max = mid - 1;
            }
            if (value > arr[mid]) {
                min = mid + 1;
```

```
        }
    }
    return -1;
}
```

二分查找的效率高，比较便捷，用起来很方便。

（3）DFS 和 BFS（树/图）

DFS 与 BFS 是图论中两种非常重要的算法，在生产中，广泛应用于拓扑排序、寻路（走迷宫）、搜索引擎和爬虫等。它们也频繁出现在 LeetCode 和面试题中。

它们广泛应用在树这类数据结构的遍历场景中。从根本上来讲，树是一种特殊的图，连通无环的图就是树，如图 2-12 所示。

1）DFS。

DFS 的实现思路是从图中一个未访问的顶点开始，沿着一条路一直走到底，然后从这条路尽头的节点回退到上一个节点，再从另一条路开始走到底，不断递归重复此过程，直到所有的顶点都遍历完成为止。它的特点是"不撞南墙不回头"，先走完一条路，再换另一条路继续走。

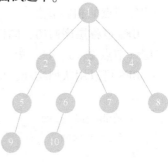

图 2-12

在图 2-12 中，遍历过程分为第一次遍历（节点 1、2、5、9）、第二次遍历（节点 3、6、10）、第三次遍历（节点 7）和第四次遍历（节点 4、8）。

DFS 有递归和非递归两种方式，此处给出递归方式的 Java 代码示例。

```java
public class Solution {
    private static class Node {
        public int value;
        public Node left;
        public Node right;
        public Node(int value, Node left, Node right) {
            this.value = value;
            this.left = left;
            this.right = right;
        }
    }
    public static void dfs(Node treeNode) {
        if (treeNode == null) {
            return;
        }
        // 遍历节点
        process(treeNode)
        // 遍历左节点
```

```
        dfs(treeNode.left);
        // 遍历右节点
        dfs(treeNode.right);
    }
}
```

递归的表达性很好，也很容易理解，不过如果层级过深，很容易导致栈溢出。

2）BFS。

BFS 指的是从图的一个未遍历的节点出发，先遍历这个节点的相邻节点，再依次遍历每个相邻节点的相邻节点。

BFS 也称层序遍历，同样，在图 2-12 所示的树中，先遍历第一层（节点 1），再遍历第二层（节点 2、3、4）、第三层（节点 5、6、7、8）和第四层（节点 9、10）。

BFS 可以用队列实现，Java 代码如下。

```
/**
 * 使用队列实现 BFS
 * @param root
 */
private static void bfs(Node root) {
    if (root == null) {
        return;
    }
    Queue<Node> stack = new LinkedList<>();
    stack.add(root);

    while (!stack.isEmpty()) {
        Node node = stack.poll();
        System.out.println("value = " + node.value);
        Node left = node.left;
        if (left != null) {
            stack.add(left);
        }
        Node right = node.right;
        if (right != null) {
            stack.add(right);
        }
    }
}
```

小结：DFS 和 BFS 是两种非常重要的算法，读者一定要掌握。为了方便讲解，本书只对树做了 DFS、BFS，读者可以在图中使用它们，其实原理是一样，只不过图和树的表示形式不同而已，DFS 一般用于解决连通性问题，而 BFS 一般用于解决最短路径问题。

虽然上面这些算法略显晦涩，但是实实在在地应用在程序的每一处，每一个都可以独当一面。在学习数据结构过程中，这些经典算法值得我们关注。

2.2.5 数据库基础

如果把数据比作"米"，把数据结构比作"米缸"，那么数据库就是"米仓"。

没错，从标准定义上来讲，数据库就是按照数据结构来组织，并存储和管理数据的"仓库"。就像米多了要修建米仓一样，在操作系统出现之后，随着计算机应用范围的扩大，需要处理的数据规模迅速膨胀。

起初，数据与程序一样，以简单的文件作为主要存储形式。以这种方式组织的数据在逻辑上更简单，但可扩展性差，访问这种数据的程序需要了解数据的具体组织格式。当系统数据量大或者用户访问量大时，应用程序还需要解决数据的完整性、一致性以及安全性等一系列问题。

因此，必须开发出一种系统软件，它应该能够像操作系统屏蔽了硬件访问复杂性那样，屏蔽数据访问的复杂性。由此产生了数据管理系统，即数据库。

数据库很有必要吗？答案是肯定的。刘慈欣在小说《三体》中有这样一段描述："下面，贯穿人列计算机的系统总线上的轻转兵快速运动起来，总线立刻变成了一条湍急的河流。这河流沿途又分成无数条细小的支流，渗入到各个模块阵列之中。很快，黑白旗的涟漪演化成汹涌的浪潮，激荡在整块主板上。中央的 CPU 区激荡最为剧烈，像一片燃烧的火药。突然，仿佛火药燃尽，CPU 区的扰动渐渐平静下来，最后竟完全静止了，以它为圆心，这静止向各个方向飞快扩散开来，像快速封冻的海面，最后整块主板大部分静止了，其间只有一些零星的死循环在以不变的节奏没有生气地闪动着，显示阵列中出现了闪动的红色。"

他描述了这样的一个场景，三千万个人组成了一个计算机来进行计算工作，一个人只表示一个比特位。

虽然现实没这么夸张，但是确实存在过以人为计算单位而组成的计算机。早在 20 世纪 20 年代的美国，由 2 万人组成的计算机器管理着全国 7000 万人的指纹数据，主要用于出入境指纹收集。

没有数据库，用这种方式去查询信息，无疑是一种巨大的资源消耗。单从"有用"的角度出发，数据库很有必要，它就是用来解决信息的插入和查询问题的。

对于数据库，你可以不熟练掌握，但一定要知道它的一些基本知识。接着往下看吧。

（1）数据库分类

目前，数据库主要分为传统的关系型数据库（SQL）和非关系型数据库（NoSQL）。当然，近几年新出现了 NewSQL 新型数据库、分布式数据库等，本书不作拓展介绍。

1）什么是关系型数据库？

传统的关系型数据库有着悠久的历史，从 20 世纪 60 年代开始，它就已经在航空领域发挥作用。因为其严谨的一致性以及通用的关系型数据模型接口，所以收获了很大一批用户。

关系型数据库把数据以表的形式进行存储，然后在各个表之间建立关系，通过这些表之间的关系来操作不同表之间的数据。

常见的关系型数据库有 MySQL、Oracle、PostgreSQL 等。

举个例子：课程管理系统的学生信息表如表 2-2 所示。

表 2-2　课程管理系统的学生信息表

id	name	age	sex
1	tom	18	0
2	jerry	18	0
3	mary	18	1

2）什么是非关系型数据库？

到了 2000 年，由于互联网应用的兴起，互联网应用需要支持大规模的并发用户，并且要保持永远在线。但是传统的关系型数据库却因为无法支持如此大规模数据和访问量而成为整个系统的瓶颈。

简单、直接的办法是不断升级硬件系统，使用更多的 CPU、内存和硬盘。但是这种方法只是提高了性能，并且呈现明显的收益递减效应。更糟糕的是，将数据库从一个机器迁移到另一个机器是一个比较复杂的过程，通常需要较长的停机时间，这对于 Web 应用来说是不可接受的。

这些问题促成了 21 世纪 00 年代 NoSQL 的诞生。NoSQL 放弃了传统关系型数据库的强事务保证和关系模型，通过最终一致性和非关系数据模型（例如键值对、图、文档）来提高 Web 应用所注重的高可用性和可扩展性。

相比关系型数据库，表之间是有关系的，可利用表之间的关系进行各种操作。NoSQL 没有固定的表结构，且数据之间不存在表之间的关系，数据可以是独立的，因此 NoSQL 也可以用于分布式系统。

举个例子：NoSQL 中有个大名鼎鼎的代表——Redis，它是一个非常快速的非关系类型的 Key-Value 数据库。我们在之前讲过，哈希表的一大优势就是检索速度快，所以 Redis 常被用作缓存。

（2）MySQL

MySQL 就是目前非常流行的开源数据库，它的特性有性能高、成本低、可靠性好，被大规模应用在各大网站或 App 中。

接下来引入 MySQL 数据库涉及的一些主要概念以及重要命令，需要读者重点关注。

1）概念。

① 主键：用来执行每个表的关键性数据，并且，每个表中只有一个主键。

② 外键：使用它关联不同表。

③ 复合键：将多个键组合在一起以作为索引值，一般用于复合索引。

④ 索引：借用一组值来对表进行排序，可以比作书的目录。

⑤ 事务：作为单个逻辑工作单位执行的一系列操作，要么完全执行，要么完全不执行。

2）命令。

创建数据库：

```
create database db1;
```

创建表：

```
create table student(
    id int,
    name varchar(32),
    age int ,
    score double(4,1),
    birthday date,
    insert_time timestamp
);
```

插入数据：

```
insert into 表名(列名1,列名2,...,列名n) values(值1,值2,...,值n);
```

删除数据：

```
delete from 表名 where 列名 = 值;
```

查询语句：

```
SELECT *  FROM student WHERE age >= 20 &&  age <=30;
```

排序（默认升序）：

```
SELECT *  FROM person ORDER BY math;
```

分组查询（按照性别分组）：

```
SELECT sex , AVG(math) FROM student GROUP BY sex;
```

分页查询（每页显示 3 条记录的第 1 页）：

```
SELECT * FROM student LIMIT 0,3;
```

对于以上命令行，即使你不从事数据库相关工作，也应该大致了解。例如，在新一代的文本管理工具 Notion 中，很多功能都体现出了数据库的操作思路，比如排序、分组等。数据库因其设计特性在不断扩大它的影响。

（3）数据库范式

简单来说，数据库范式可以避免数据冗余，减少数据库的存储空间，并且减小维护数据完整性的成本。它是关系型数据库的核心技术之一。

关系型数据库有六种范式，分别是第一范式（1NF）、第二范式（2NF）、第三范式（3NF）、巴斯-科德范式（BCNF）、第四范式（4NF）和第五范式（5NF，又称"完美"范式），各种范式呈递增关系，越高的范式，数据库冗余越小。

各种范式呈递增关系的意思是，在第一范式的基础上，进一步满足更多规范要求的称为第二范式，再进一步提升规范，就是第三范式，以此类推，直到第五范式。

通常来说，数据库只需要满足第三范式就符合要求了。所以，我们要着重讲一下第一范式、第二范式、第三范式。

1）第一范式。

第一范式是指数据库表的每一列都是不可分割的基本数据项，实体中的某个属性不能有多个值或者不能有重复的属性。

例如，联系方式属性下同时有联系电话和联系邮箱两个值，这样的设计是不符合第一范式的。

再举个例子，比如表 2-3 中有个属性是"班级"，结果其中有个值是"三年级二班"，这个值是包含两层意思的，一层意思是年级，另一层意思是班级，这不符合属性名称的定义，即该设计不符合第一范式。

表 2-3　属性

姓　　名	年　　龄	班　　级	爱　　好
安东尼	9	三年级二班	玩泥巴

2）第二范式。

第二范式指的是属性完全依赖于主键，这样设计可以消除部分子函数依赖。

举个例子，如表 2-4 所示。

表 2-4　订单编号和产品编号

订单编号	产品编号	产品价格	产品名称	购买数量
JD001	A001	10	NICE 100	50

其中先设定订单编号和产品编号是这个表的主键，主键就是指通过它可以唯一标识出这一行。另外，"产品价格"和"产品名称"和主键"产品编号"有关，与主键"订单编号"无关。为了消除这种不完全依赖，我们要将表 2-4 拆分，拆分后成为两个表，如表 2-5 和表 2-6 所示。

表 2-5　拆分后的表 1

订 单 编 号	产 品 编 号	购 买 数 量
JD001	A001	50

表 2-6　拆分后的表 2

产 品 编 号	产 品 价 格	产 品 名 称
A001	10	NICE 100

拆分后的两个数据库表符合第二范式，解决了属性的不完全依赖问题。

3）第三范式。

第三范式的定义：不存在非主键属性对其他键的传递性依赖以及部分性依赖。在第二范式的基础上，它更进一步。

如何通俗地解释第三范式呢？

举个例子，如表 2-7 所示。

表 2-7　不符合第三范式的设计

订 单 编 号	产 品 编 号	订 购 编 号	顾 客 编 号	顾 客 姓 名
JD001	A001	XX-XX	user20220202	安东尼

这个设计不符合第三范式，因为在表 2-7 中，主键是"订单编号"，而非主键"顾客编号"和"顾客姓名"之间存在着传递性依赖。因为"订单编号"只需要和"顾客编号"关联，所以顾客的姓名、性别、联系方式等都只与"顾客编号"关联。

拆分表 2-7 后的结果分别如表 2-8 和表 2-9 所示。

表 2-8　拆分后的表 1

订 单 编 号	产 品 编 号	订 购 编 号	顾 客 编 号
JD001	A001	XX-XX	user20220202

表 2-9　拆分后的表 2

顾 客 编 号	顾 客 姓 名
user20220202	安东尼

在第三范式中，不能出现非主键 A 依赖非主键 B，非主键 B 依赖主键的情况。

这样的设计思路不单单运用在数据库表的设计中，对于产品的原型设计、程序员的代码设计、文档目录设计等，都能起到很好的帮助作用。借鉴数据库范式设计思路，可以让我们分清楚"谁"和"谁"有关，"谁"和"谁"的关系是否还能进一步解耦、拆分。我们发现，当一个系统逐渐庞大的时候，只有这样细化拆分的方法论，才能帮助我们走出复杂系统混沌的"泥沼"。

第3章

经验：树立项目全局观

接下来将带领读者融入程序员职场。你是否和猿小兔一样，有过这样的担心和疑虑呢？

对于初入职场的新手，如何顺利融入职场呢？为什么心里有莫名的担心和害怕呢？

初入职场的很多人都会有点担心和害怕，主要是因为他们不熟悉工作环境，不清楚自己的职业发展前景。因为不熟悉工作环境，没有实际工作经验，所以他们有时不知道如何处理工作中的问题，担心错过重要信息，担心做错决定，担心被指责等。因为对自己的职业发展前景不太清楚，所以他们不知道如何定位自己的能力，不知道如何规划自己的职业生涯。另外，他们可能担心无法提升自己的能力，担心无法找到好的工作机会，担心被淘汰等。这些都是初入职场时的正常表现。

本章将帮助读者提升在职场中的信心，树立项目全局观。只有看过，看多了，才不会担心、害怕。

3.1 软件开发通用项目管理流程

通用项目管理流程是软件开发中一种常用的管理方法，可以帮助程序员更好地规划和管理软件项目的各个阶段，从而提高开发效率并确保项目顺利完成。

此外，了解软件开发中的通用项目管理流程还能够帮助程序员与其他团队成员（如项目经理和质量保证工程师等）进行更好的沟通和协作，从而提高团队效率。

（1）项目启动

通常，从事软件开发的公司会根据项目的方向和难易程度，组织包括产品经理、研发项目经理、研发工程师、测试工程师等角色在内的人员，组成一个项目组，与该软件的需求方充分协商，需求方通常是市场上的个人用户（C端）或商家用户（B端）等，进行需求沟通是为了明确项目阶段性产物，及时交付不同版本的软件产品或者同步开发进度，例如项目小组每周都需要提交项目研发报告等。

（2）产品原型设计阶段

项目启动后，通常由产品经理根据需求的背景资料，对软件进行详细的需求梳理，包括了解同类竞品的情况，以及进行充分市场调研等，结合自身的专业知识，输出软件产品原型。在这个过程中，拥有一名经验丰富的产品经理是十分重要的，他能把软件产品原型设计进行细分，明确每个模块的目标、开发人员负责的研发事项，进行相关模块功能的规划等。

（3）UI设计阶段

UI设计师的主要工作在这个阶段，将产品原型设计成交互内容，输出相关页面的效果图，形成UI设计风格、设计规范等，并交付给相关程序员。这项工作非常重要，因为用户对软件的直观感受就是其UI风格。在该阶段的末尾，将设计图交付产品经理，由其确认是否和产品设计思路一致，还要交付前端开发程序员，以便其了解实现的可行性，并进行最后的确认。

（4）开发阶段

从产品原型设计到UI设计，再到开发阶段，需要产品经理、UI设计师和程序员之间有一个非常好的联动机制。将需求文档变成产品原型，包含业务流程图等；将产品原型变成UI设计图，包含页面逻辑跳转设计等；将程序设计落地，包含架构设计图等，这些都需要上述3个角色充分配合。

在这个过程中，如果能有效地组织需求评审会，负责各模块的程序员都能充分了解产品经理的需求，则是理想的状况。普通程序员需要实现的研发需求通常来自研发负责人，研发负责人往往是精通技术和熟悉产品的宏观统筹者，能以项目要求为基础，制定软件开发计划，对系统架构有全局把控能力，能够充分掌握团队中每个程序员的分工，可以及时评估技术可行性，推动研发进度。在确认完成后，相关程序员要根据上述输出任务部署进入相关部分的编码阶段，编码过程一般还需要进行服务端和移动端的联调等。

（5）测试阶段

在开发阶段结束后，相关测试人员按照拟定的测试用例，在不同环境下进行软件的测试，将出现的bug或未通过的流程测试提交给相应的开发人员进行调整。重复此过程，直至bug修复完成或达到验收标准为止。

（6）系统上线

在测试环境进行试运行后，与需求方确认软件开发成果，如果无误，则由负责项目部署的程序员在相应平台部署上线。

以上介绍的是一个非常简单的软件开发流程。在不同规模的公司中，每个阶段对应的一些角色会有些许差异。比如，在一些小公司中，产品经理兼任项目经理，前端程序员也负责 UI 切图，后端程序员也负责运维、部署等工作，但整体流程是不变的。

3.1.1 通用项目管理中的岗位角色

通常，一个互联网产品的诞生涉及以下岗位角色。

在软件开发项目中，通常都有哪些角色呀？他们各自的分工是什么？

从规范上来讲，通常有七大岗位角色。不过，公司会根据自己的特点，对岗位有不同的划分。认识这些角色，可以帮助我们了解一个软件是怎样开发出来的，以及软件在后续是如何运行和迭代的。

（1）产品经理

产品指的是网站产品或 APP 产品，承载为用户提供的服务。产品经理负责计划产品功能，让产品可以满足用户的使用需求。其具体工作内容包含需求收集、需求分析、需求落地、项目跟踪、项目上线、数据跟踪，以及对业务人员进行培训等。产品经理还会协助运营、销售、客服等人员开展工作。

产品经理的入行要求比较高，需要很强的综合能力。目前，产品经理的市场需求量大，但好的产品经理并不多，入职薪资相对较高，入行后，薪水涨幅空间很大。

（2）项目经理

很多人会把项目经理和产品经理的职责搞混。总体来说，项目经理的职责是保证产品需求顺利落地，而且要按时、保质保量。其具体职责如下。

1）资源协调：当产品需求紧急，但是缺少研发、测试、UI 等资源支持时，项目经理负责协调。

2）项目排期：针对产品需求，项目经理要把控每一个需求的工作量大小，并敲定每个人的交付时间，输出项目排期表。

3）敏捷管理：按照敏捷迭代的思想组织晨会，并按照燃尽图的进度保证项目进度正常。

4）跨部门沟通：在涉及外部依赖的项目中，项目经理需要解决各方合作过程中存在的问题。

（3）UI 设计师

UI 设计师（User Interface Designer，UID）是指对软件的人机交互、操作逻辑、界面整体进行设计的人。UI 设计师的工作包括高级网页设计、移动应用界面设计等，它是目前信息产业中较为抢手的职业角色。

UI 设计师的职能大体包括以下三个方面。

1）图形设计，即软件产品的"外形"设计。

2）交互设计，主要是设计软件的操作流程、树状结构、操作规范等。一个软件产品在编码之前需要做的就是交互设计，并且需要确立交互模型、交互规范。

3）交互测试，这里所谓的"测试"，其目标是测试交互设计的合理性和图形设计的美观性，主要通过目标用户问卷的形式衡量 UI 设计的合理性。如果没有这方面的测试，那么 UI 设计的好坏只能凭借设计师的经验或者领导的审美来评判，会给企业带来极大的风险。

UI 设计师的具体工作内容包括：

- 负责软件界面的美术设计、创意工作和制作工作；
- 对标竞品软件，提出更加新颖、更有吸引力的创意设计；
- 对页面进行优化，使用户操作更趋于人性化；
- 维护现有的产品；
- 收集和分析用户对 GUI 的需求。

（4）开发人员

开发人员也就是程序员了。程序员也可以分为很多类型，如客户端程序员、服务器端程序员、数据库程序员、Web 开发人员、脚本编写程序员等。

无论是什么类型的程序员，所负责的研发工作有一定的共性，可以概括如下。

1）开发设计。

程序员并不是一上来就直接编程的，在编程之前，应结合自身编程技术，参与理解产品设计，兼顾软件性能，关注安全、技术设计，提出程序员角度的开发设计初步解决方案。

2）开发实现。

有了开发设计思路和方案，就可以着手开发了，开发是一个需要时间和耐心的工作。不同分工的程序员开发的内容有所不同，比如，配合 UI 设计师，前端开发程序员能较好地实现具备良好交互体验的网站界面；又如，后端程序员负责对数据进行增、删、改、查，追求具备很高系统性能及安全性的编码开发；再如，手机客户端开发程序员、脚本开发程序员等，依靠自己的代码编写能力，凭借优秀的代码开源库、开源组件等，实现软件的各类功能。

3）测试工作。

是的，程序员也要进行测试工作，也就是"代码自测"，这个环节是一定要有的。另外，这也是一名优秀程序员对自己编程工作的要求。实际上，很多中小型公司都没有专门的测试人员，此时更需要程序员来保证较高的编码质量。

4）维护工作。

部分程序员的工作重心是对软件进行维护，按照计划，在相关质量要求下对软件进行改版升级，优化既有代码，保证软件运行及效率等。现在的软件市场已经比较成熟，很多工作都是对存量软件产品进行维护和完善，但这可能比开发一个新软件更具挑战性，比如重构旧有代码框架、编码逻辑等。

5）安全防范。

部分程序员需要定期对软件进行安全检查，对系统日志进行统计和监控，对出现的故障进行排除，对软件病毒等进行预防等。安全是软件系统运行的基础，是不容忽视的重点。

6）数据管理。

一旦出现问题，软件应能及时安全地恢复数据，这是很多软件平台稳定发展的保障。实际上，无论是什么类型的程序员，都应该保持对数据的敏感，这是基本素养。

7）技术支持。

一些程序员的编码工作较少，他们侧重于为客户解答专业的技术问题。技术支持工作需要很大的耐心，需要从技术的角度提供支持和回馈，保证客户的满意度。

8）其他任务。

宽泛地讲，程序员还应完成公司要求的其他任务，比如，对于开发项目及其资料等，要严格保密；在技术社区中，为公司树立专业的形象，确保公司声誉不受损害等。

（5）测试人员

测试人员是软件质量的把关者，其职责如下。

1）编写测试计划、规划详细的测试方案、编写测试用例。

2）根据测试计划搭建和维护测试环境。

3）执行测试工作，提交测试报告，包括编写用于测试的自动测试脚本，完整地记录测试结果，编写完整的测试报告等相关的技术文档。

4）对测试中发现的问题进行详细分析和准确定位，与开发人员讨论缺陷解决方案。

5）提出对产品进行进一步改进的建议，并评估改进方案是否合理。对测试结果进行总结与统计分析，对测试进行跟踪，并提出反馈意见。

6）为业务部门提供相应技术支持，确保软件质量指标。

（6）运维人员

运维人员负责维护并确保整个产品的高可用性，同时不断优化系统架构，提升部署效率、优化资源利用率，提高整体的 ROI。

无论做什么运维，运维人员的基本职责都是保证服务的稳定性，确保系统可以不间断地为用户提供服务。

其主要职责如下。

1）质量层面：保证并不断提升服务的可用性，确保用户数据安全，提升用户体验水平。

2）效率层面：用自动化的工具/平台提升软件在研发生命周期中的开发效率。

3）成本层面：通过技术手段优化服务架构、性能调优；通过资源优化组合降低成本、提升 ROI。

（7）运营人员

运营岗位主要分为四大类：内容运营、用户运营、产品运营、活动运营。

1）内容运营，是一种运营手段，也是一种职能分工。它主要是指通过原创、编辑、组织等手段，呈现产品内容，从而提高互联网产品的价值，让用户对产品产生一定的黏度。

2）用户是支撑公司运转的核心部分，所以用户运营人员在行动之前首先要了解的对象就是用户。找对用户、分析用户、吸引用户是关键，也是新媒体运营的起点与核心。

3）用户运营面对的是用户，而产品运营面对的是产品。网站、软件，甚至按钮，都可以是产品运营的对象。无论是像网站一样的大产品，还是像按钮一样的小产品，只要它是产品，就会经历一个完整的运营过程（产品策划→产品模型→产品测试→产品上线→数据反馈→循环改进）。

4）活动运营主要是指在重要节假日、公司的重大节日策划并举行活动，从而达到产品曝光、销售转化、用户拉新等目的。

原来研发项目中有这么多的岗位角色呀！程序员不仅需要了解自己的岗位职责，还要了解团队中其他岗位角色的职责。

3.1.2 通用项目管理流程

熟悉项目管理流程，可以帮助程序员在软件开发中发挥更大的作用，并为自己的职业发展提供更多的机会。

（1）需求确认

作者在早期学习软件工程知识的时候，就听过一句话：一切软件问题，归根结底都是需求问题。这句话虽然有些夸张，但是需求分析的确是很多团队的短板。在这种情况下，形成了现在产品开发圈里"吐槽"产品经常改需求的特殊文化。

原先的流程是产品经理做需求分析、制作原型，然后组织全体研发成员进行评审。这样的流程在前期进行了很久，但是问题有很多，比如：大家在会议上要么无法有效提出改进意见，要么就是提的意见太多，导致会议无法正常进行。并且，在团队人数逐渐增加的过程中，这种情况会愈演愈烈。

此外，一个有开发经验的产品经理可遇而不可求。产品经理设计出的原型，往往因为缺乏开发思维，会出现一些逻辑错误。比如一个常见的问题：在原型上，只考虑了表层的页面流程，而忽视其中涉及的后台开发、数据处理等深层次的流程。

针对以上问题，可以在"产品评审"环节前增加了一个"架构师评审"环节。由一个资深的开发人员对产品原型先进行评审，这位开发人员需要擅长前、后台开发，在产品设计上能辅助完善流程逻辑，能够兼顾全局。在这个"架构师评审"环节完成之后，再组织全体研发人员进行集体审议，可以节省不少时间。

（2）任务拆解

对于一个周期较长的项目，如果在开发人员把所有的功能全部实现之后再开始进行测试和需求验证，那么风险会很大。所以，在开发之前，需要先将一个完整的产品拆分成相对独立的模块，每个模块需要能够独立进行测试（典型的就是能够实现完整的增、删、改、查功能），最后再将各个模块组合起来以进行整体测试。

这项工作说起来简单，但是实际操作并不容易。对于一个较为复杂的产品，各个模块的耦合度通常较高，所以，在进行工作安排时，对于完成顺序，需要进行良好的规划。因此，在规划上，需要把被依赖最多的模块安排在优先级最高的位置。

做好任务拆解，能够让测试较早地介入。项目经理制订项目更新的计划，由开发人员先完成一个相对独立的模块，然后提交测试。这样可以很好地将测试进度与开发进度进行交叉。

在整个项目开发的后期，完整的集成测试仍然是必要的。

（3）任务跟进

1）里程碑。

里程碑是一个在项目管理中经常被强调的概念。在项目开发中，大部分人对时间节点没有明确的概念，所以需要在项目中设定多个里程碑，在到达每个里程碑后，都要重新梳理项目计划以及计算剩余工时，这能够有效降低项目最终延期的风险。

2）站例会。

有些人对站例会不太在意，他们认为，团队内部有什么问题，直接沟通就行了，没有必要每天开站例会，而且，现在有很多在线协作工具，能够实时在线跟踪进度。

但是，在实际的项目实践中，往往因为各种原因，很多人不会或者不愿意进行沟通，也不愿意及时更新协同状态，导致类似的任务安排、流程推进流于形式，团队无法有效跟踪任务进度。

如果采取逐个询问进度的方式，那么比较低效，且容易引起团队成员抵触情绪。

这个时候，站例会的优势就体现出来了。

站例会的基本规则就是要求每个开发自述自己当前的项目情况，例如：我当前在做什么、我今天会完成什么、我有什么需要支持的工作……在会上如果成员提出需要何人支持，可以得到项目组相关成员的立即响应，及时解决需要支持、依赖的工作，能够有效地促进大家工作的完成。

3）甘特图。

甘特图可以清晰地反映项目的整体进度。但由于一些使用技巧方面的问题，很多团队不能将它顺利落地。它们要么把甘特图定义得太"细"，后期无力追踪、更新，要么把甘特图定义得太"粗"，使甘特图无法真实地反映各个模块的进度，展示内容不清晰。

经过多次项目实践，可以总结出有效使用甘特图的方式：每个任务按照独立的模块进行划分；无论是前端还是后台，将模块放在一起进行管理。这样做的好处是能够促进前、后端进行合作，一起将工作做好，而不会在遇到问题的时候，出现推卸责任的情况。

甘特图通过活动列表和时间刻度表示特定项目的顺序与持续时间。如图3-1所示，横轴表示时间，纵轴表示项目，线条表示计划及其实际完成情况。这样可以直观地展示计划何时进行，以及最新进展情况。甘特图便于管理者掌握项目的任务完成情况，以便了解工作进度。

本节想要强调的是，程序员不应该只把精力放在编程工作上，也需要投入一些精力去了解项目中的各个关键点。项目的关键点会告诉程序员研发的目标和重点，并且帮助程序员制订合理的计划，以便程序员更有效地完成项目。例如，如果一个项目的目标是开发一个网站，那么程序员需要知道网站的功能、定位和目标人群，以及项目的时间表和预算等信息。

甘特图项目管理

ID	任务名称	开始	结束	持续时间	完成	2020-07-26						2020-08-01													
						26	27	28	29	30	31	1	2	3	4	5	6	7	8	9	10	11	12	13	14	15
1	A宣传	2020-07-28	2020-07-29	2.0日	0%																					
2	Bmirro架设	2020-07-28	2020-07-30	3.0日	0%																					
3	C协助登记	2020-07-28	2020-08-04	6.0日	0%																					
4	D统计人数	2020-07-28	2020-08-04	6.0日	0%																					
5	E统计参与情况	2020-07-31	2020-08-10	7.0日	0%																					
6	F铭牌预订	2020-08-03	2020-08-07	5.0日	0%																					
7	G挂牌制作	2020-08-02	2020-08-05	3.0日	0%																					
8	H确认设备准备	2020-07-31	2020-08-06	5.0日	0%																					
9	确认设备拜访	2020-07-31	2020-08-04	3.0日	0%																					
10	G确认服务人员	2020-07-31	2020-08-11	8.0日	0%																					
11	K确认资料填写	2020-07-31	2020-08-06	5.0日	0%																					
12	L摆设物品	2020-07-31	2020-08-12	9.0日	0%																					
13	M装机协助	2020-08-03	2020-08-07	5.0日	0%																					
14	N跟进服务	2020-08-07	2020-08-14	6.0日	0%																					
15	O报告总结	2020-07-31	2020-08-07	6.0日	0%																					

图 3-1

3.1.3　项目管理工具推荐

程序员一定要比其他项目角色对项目软件管理工具更加敏感，因为作为技术人，就要有技术人的嗅觉。另外，借助工具，可以使开发更规范、开发效率更高。

一个合格的项目管理工具要最大程度满足项目管理的各种需求，这也是评价其好坏的标准。一些项目管理工具只具备项目管理的一部分功能，这显然不符合推荐的标准。

想要评价一个项目管理工具的优劣，就要从各个维度评估它所具备的各个模块的功能。下面介绍一个合格的项目管理工具应该具备的基础功能：

- 能定义任务内容和任务时间；
- 能对任务指派负责人；
- 能在工具中分配资源；
- 能对项目执行情况进行跟踪；
- 能建立子项目模块；
- 能定义项目里程碑；
- 能建立任务与任务之间的关系；
- 能对任务进行分组；
- 能对基本内容进行过滤筛选。

除上面讲到的基础能力以外，更高级的项目管理工具还应该是一个强大的信息管理系统，有嵌入工具的沟通和交流系统；还应该是一个有云存储功能的协同办公系统，有强大的数据报表能力；同时具有风险预警和变更能力，能对任务进行提醒，拥有高级过滤和筛选功能。

71

下面介绍 8 款热门的项目管理工具。

（1）Jira

如果你的软件团队已经发展到这样一个程度，即以前用起来感觉轻松的项目管理工具现在似乎不能满足需求了，那么可以选择 Jira。从项目规划到报告，跟踪 Bug 到深入归因，Jira 拥有丰富的功能。以下是 Jira 的一些功能。

- 丰富的 API，可供那些希望为其工作流构建替代接口的人使用。
- Scrum 和看板。
- 支持多种自定义开发方法。
- 集成了 3000 多个应用程序。
- 智能自动化，如向个人自动分配任务，将问题与代码相关联等，可快速构建复杂的工作流程。
- 强大的报告功能，可提供内容广泛的报告。

Jira 旨在管理敏捷软件项目，因此其针对的目标市场、定价、复杂性、能力等都很高。

（2）Asana

Asana 是一款通用的项目管理工具，专注于速度和直观性。

它有以下功能。

- 工作量可视化。可对团队成员的工作量进行可视化展示，这样就可以一目了然地知道研发团队的关键产品变更，从而进行有效协作。
- 日历。Asana 日历与所有任务和计划相连接，可以显示团队的日程安排。如果想同步研发任务进度，则可以利用日历功能。
- 图像校对。有了这个功能，审阅者可将注释添加到图像的各个部分。这对于设计团队来说是非常有用的，因为在没有特定视觉参考的情况下收集反馈意见往往会非常困难。

（3）Trello

Trello 是一个独特和简约的项目管理工具，它易于上手。

Trello 将看板的概念从敏捷软件方法论中提取出来，并将它推向大众市场。这个想法很简单：任务是用"卡片"创建的，"卡片"被堆叠在用户创建的许多"板子"中的一个上面。

这些"板子"可以代表任何东西：公司的职能/部门、任务的状态，甚至是日历上的年、月。团队成员可以对"卡片"进行评论、讨论，附加图像等。一旦"卡片"上的任务完成，就会移动到下一个"板子"上。

Trello 的免费版本仅限制看板数量和附件大小，而不限制用户数量。对于大多数团队，这已经足够了。如果你所在的是一个小团队（甚至只有你一个人），而且项目不需要精心策划，那么 Trello 是一个有趣且有效的选择！

（4）Teamwork

Teamwork 具有类似 Trello 的看板和内置的时间跟踪功能。如果你正在寻找具有这些功能且界面干净、易于使用的项目管理工具，那么可以考虑 Teamwork。

Teamwork 是一套产品，项目管理应用只是其中之一。它还提供了 CRM、帮助台软件、文档管理系统、聊天应用（类似 Slack）等功能。

（5）TeamGantt

顾名思义，TeamGantt 是以甘特图为基础的，就像 Trello 以看板为基础一样。TeamGantt 界面干净、易于学习且高效。

（6）Teambition

Teambition 是阿里巴巴旗下的团队协作工具，以项目和任务的可视化管理来支撑企业团队协作，适合产品、研发、设计、市场、运营、销售、人力资源等各类团队，让企业内部协作化繁为简。

（7）Tower

Tower 是 ONES 旗下的团队协作工具。

Tower 可以帮助团队高效地安排工作任务，管理项目进度，沉淀团队知识，让每个人走得更快，让团队走得更远。

（8）Worktile

Worktile 是企业协作办公平台，可以帮助 30~1000 人规模的企业消除协作、办公和管理痛点，帮助企业实施项目管理、规范流程、搭建知识库和辅助管理决策。它适合中小型公司、创业公司。

上述项目管理工具通常都提供类似的基础功能，包括任务分配、日程安排、文件共享、实时聊天和项目进度跟踪等。用户可以根据自己的需求选择合适的项目管理工具。

这些项目管理工具的基础功能大同小异，特色功能有所不同，按需选择才是明智的做法。

3.2　代码管理及文档管理

在软件开发项目中，还有两个非常重要的事情——代码管理和文档管理。

（1）代码管理

代码管理指的是通过源代码管理系统（也称为版本控制系统），允许开发人员协作处理代码和跟踪更改。

需要了解两种类型的源代码控制方式：Git 和 SVN。Git 和 SVN 有明显的区别：Git 是分布式的，而 SVN 是集中式的。Git 可以在本地复制一个远程的仓库，即使网络断了，也不影响代码的合并和提交；如果 SVN 服务器是远程服务器，那么，在网络断了之后，将无法提交代码的更改。

对于编程初学者，推荐学习和使用 Git，虽然刚开始需要了解的概念比较多，但它目前在很多公司普遍使用，在开源领域更是拥有不可撼动的地位。

（2）文档管理

文档管理，即文件档案的归档管理工作。文档管理既是一项应用广泛的日常性工作，又是一项非常重要的信息汇集工作。对于企业，做好文件档案的归档管理工作，能够及时为企业提供所需的第一手资料，促使企业健康发展，提高企业的管理水平，也为企业运行机制的监督管理提供了必需的资料，有利于内、外部的监督管理。

3.2.1　代码管理工具

目前流行和常用的代码管理工具有 SVN 和 Git。GitHub 支持的就是 Git。

无论是 SVN 还是 Git，用户都可以在这些系统上为自己不同的代码建立不同的仓库，然后在每次修改完代码之后都可以提交一次，提交的时候加上注释来说明这次提交修改了哪些内容。这样的话，如果以后想要回滚代码，就可以把代码恢复到之前任意一次提交状态；如果别人想获取你的代码，那么可以连上你的仓库，然后拉取你的代码。另外，如果团队成员都会对代码进行修改，那么，在修改完之后，可通过工具直接提交合并到仓库中。

如果想在代码上做不同的尝试，则可以建立不同的分支，每个分支都可以进行不同的代码实现，互不影响。不同分支的代码还可以合并到同一个分支。

Git很强大，一定要作为重点来学习！

3.2.2　Git 流程及常用操作

Git 作为一个代码管理系统，不可避免地涉及多人协作。

协作必须有一个规范的工作流程，可以让大家有效地合作，使项目井井有条地发展下去。

这里介绍三种广泛使用的工作流程：Git flow、GitHub flow、GitLab flow。

（1）Git flow

最早诞生并得到广泛使用的一种工作流程就是 Git flow 。首先，项目存在两个长期分支：主分支 master、开发分支 develop，前者用于存放对外发布的版本，任何时候在这个分支获取的都是稳定的发布版；后者用于日常开发，存放最新的开发版。其次，项目存在三种短期分支：功能分支（feature branch）、补丁分支（hotfix branch）、预发分支（release branch）。一旦完成开发，它们就会被合并进 develop 或 master 分支，然后被删除。

（2）GitHub flow

GitHub flow 是 Git flow 的简化版，专门配合"持续发布"。

它只有一个长期分支，就是 master，因此用起来非常简单。其官方推荐的流程如下。

第一步：根据需求，从 master 拉出新分支，不区分功能分支或补丁分支。

第二步：在新分支开发完成或者需要讨论的时候，就向 master 发起一个 Pull Request（PR）操作。

第三步：Pull Request 既是一个通知，让别人注意到你的请求，又是一种对话机制，大家一起评审和讨论你的代码。在对话过程中，你还可以不断提交代码。

第四步：你的 Pull Request 被接受，合并进 master，重新部署后，原来你拉取的那个分支就会被删除。（先部署再合并也可以。）

（3）GitLab flow

GitLab flow 是 Git flow 与 GitHub flow 的综合。它吸取了二者的优点，既有适应不同开发环境的弹性，又有单一主分支的简单和便利。

GitLab flow 的最大原则叫作"上游优先"（upsteam first），即只存在一个主分支 master，它是所有其他分支的"上游"。只有上游分支采纳的代码变化，才能应用到其他分支。

对于"持续发布"的项目，它建议在 master 分支以外，再建立不同的环境分支。比如，"预发环境"的分支是 pre-production，"生产环境"的分支是 production。

开发分支是预发分支的"上游"，预发分支又是生产分支的"上游"。代码的变化，必须由"上游"向"下游"发展。比如，生产环境出现了 bug，就要新建一个功能分支，先把它合并到 master，确认没有问题，再 cherry-pick 到 pre-production，这一步也没有问题，才进入 production。

只有紧急情况，才允许跳过上游，直接合并到下游分支。

对于"版本发布"的项目，建议的做法是每一个稳定版本都要从 master 分支拉取一个分支，比如 2-3-stable、2-4-stable 等。

以后，只有修补 bug，才允许将代码合并到这些分支中，并且此时要更新小版本号。

（4）Git 常见操作

1）配置操作。

- 配置用户名：git config user. name ' username '
- 配置邮箱：git config user. email ' user@ example. com '
- 查看配置：git config -l
- 编辑配置：git config -e

2）基本操作。

- 初始化一个仓库：git ini
- 从指定地址复制一个仓库：git clone url
- 复制特定的标签：git clone --branch <tag><repo>
- 复制远程仓库的某个分支：git clone -branch new_feature <repo>
- 查看当前工作区状态：git status
- 将当前目录下的所有文件添加到暂存区：git add .
- 添加注释并提交：git commit -m ' xxx '
- 合并到上一次提交（反复修改）：git commit --amend -m ' xxx '
- 将 add 和 commit 合并为一步：git commit -am ' xxx '
- 关联分支到远程仓库的 master 分支：git push -u origin master
- 检出远程分支 hotfix/fix-menu 并创建本地跟踪分支：git checkout --track hotfix/fix-menu

3）分支操作。

- 显示本地分支：git branch
- 删除已经合并过的分支：git branch -d
- 本地分支重命名：git branch -moldName newName
- 删除远程分支：git push --delete origin <branch-name>
- 把本地分支与远程分支关联起来：git branch --set-upstream-to origin/newName
- 查看本地当前分支与远程某一分支的差异：git diff origin/develop
- 查看本地 master 分支与远程 master 分支的差异：git diff master origin/master

4）合并操作。

- 将远程 master 分支合并到本地 master：git merge origin/master
- 把 a 分支合并到当前分支，且为 merge 创建 commit：git merge a
- 汇合提交：将之前的三次提交合并到一处（squash）：git rebase -i HEAD~
- 修改提交（edit）：git rebase -i HEAD~3

- 把当前分支基于 b 分支做 rebase，以便把 b 分支合并到当前分支：git rebase b
- 将在其他分支上选定的提交合并到当前分支：git cherry-pick <commit-id>

5）标签操作。

- 查看所有标签：git tag
- 新建某个标签：git tag -a v1. 1. 2 -m "Project v1. 1. 2 Released"
- 推送某个标签到远程服务器：git push origin v1. 1. 1
- 推送所有标签到远程服务器：git push origin --tags
- 删除远程标签：git push origin -d <tag-name>

6）回滚操作。

- 将本地版本退回到某次提交版本：git reset --hard <commit-id>
- 本地文件回滚操作步骤：

① git log filename

② git reset <commit-id> filename

③ git commit -m " Rollback filename"

④ git checkout filename

- 把暂存区的修改撤销，重新放回工作区：git reset HEAD <文件名>
- 撤销上一个提交：git revert HEAD
- 回退到上一次 reset 之前：git reset --hard ORIG_HEAD
- 回滚没有提交到暂存区的文件：git checkout ./

对于新手，记住这些命令确实比较困难，没关系，Git 学习是一个渐进的过程，可以把这些命令当作一个字典，在某个场景下需要用到的时候，再来查阅即可。

没有人会直接背诵字典，这是不明智的做法。

（5）Git GUI 客户端

当然，用户可以借助一些 Git GUI 客户端来完成 Git 的常见操作，无须每次都输入命令。

1）GitHub Desktop。

GitHub Desktop 是由 GitHub 开发的完全免费且开源的可自定义的基于 Electron 的 Git 客户端应用程序，它允许用户与 GitHub 和其他 Git 平台（包括 Bitbucket 和 GitLab）进行交互。

它包括美观的分区方法，可以轻松地检查带有 pull 请求的分支，用户可以检查图片和代码区块之间的差异，甚至可以使用拖拽的方式从应用程序中添加项目进行管理。

2）Sourcetree。

Sourcetree 是适用于 macOS 和 Windows 的免费 Git GUI 客户端。它简化了版本控制过程，让用户可以专注于重要的事情——编码。

它拥有专业的 UI，可以通过直接访问 Git 流、子模块、远程 repo 管理器、本地提交搜索、支持 Git 大文件等方法或功能可视化管理版本库，以执行 Git 任务和访问 Git 流。

3）Fork。

Fork 是适用于 macOS 和 Windows 的免费的高级 Git GUI 客户端，它专注于速度、用户友好性和效率。它包括带有快速操作按钮的主题布局、内置的合并冲突帮助器和解析器、仓库管理器、GitHub 通知等。

在免费的 Git GUI 客户端中，Fork 的大部分功能都很亮眼，包括漂亮 UI 中的交互式 rebase、Git 流、Git LFS 等。

4）GitUp。

GitUp 是面向 macOS 用户的免费开源 Git GUI 客户端，它专注于速度、简单性、效率和易用性。它绕过 Git 二进制工具并直接与仓库数据库进行交互，这使它比其他 Git GUI 客户端速度快得多。例如，它在 1 秒钟内可加载并呈现 40000 个 GitUp 仓库提交的内容。

GitUp 是具有所有 Git 功能的 GUI 替代方案，并且可以直观地实现输入命令和实时更改。

5）GitaHead。

GitaHead 是适用于所有不同操作系统的 Git GUI 客户端。它具有快速的原生界面，旨在帮助用户了解和管理源代码历史记录。

6）TortoiseGit。

TortoiseGit 简称 tgit，中文名为"海龟"Git。TortoiseGit 是一个开放的 Git 版本控制系统的源客户端。

3.2.3　文档管理要点及工具

文档管理和代码管理都是非常重要的，它们对于项目的成功至关重要。文档管理是指组织、存储和维护项目文档的过程，这些文档可能包括需求文档、设计文档、测试计划和报告等。这些文档可以帮助团队成员了解项目的目标和要求，并确保所有人都在同一页面上。

文档管理和代码管理是组织、管理程序员工作内容的两把"利剑"。

（1）个人文档管理

个人文档不仅包括文本文档，还包括其他多媒体文档等。

1）对于文本文档，一定要有版本控制，即能追溯历史记录。作者推荐使用 GitHub 进行版本控制，因为可以在 GitHub 中建立项目，以作为文章的版本库，同时，GitHub 中的文章可以直接生成博客，甚至还可以使用 GitBook 服务将文章生成一本书。

对于文本文档，可以在很多方面进行深耕，如人生经验、读书笔记、技术总结等。对于文本类文档，建议使用 Markdown 语法，因为 Markdown 语法简单、易懂，可以快速生成文档。下文会进一步阐述 Markdown 语法的细节。

2）对于多媒体文档，建议分类保存到对应文件夹中，以类型区分，比如分为 music（音乐）、movie（视频）、picture（图片）等目录。多媒体文档通常很大，一旦存储空间用完，就需要酌情删除，或迁移到其他云平台上存储。

文档里存储的应该是有逻辑、有思路的想法，这样才值得用版本控制来实现。在整理完毕之后，用户可以有选择地把内容放在微信公众号、博客、微博、社区论坛或朋友圈等平台上。

文档管理的基本原则见表 3-1。

表 3-1　文档管理的基本原则

原　则	描　述
分类原则	目录层级能少一级就少一级
同步原则	必须跨平台、云端同步
工具选择原则	使用自己擅长的处理工具
工具购买原则	仅当迫切需要时才购买
设备选择原则	拥有个人计算机
删除或整理原则	养成经常删除或整理习惯
多媒体资源处理原则	建议放在网盘中
习惯原则	坚持长期进行文档管理

（2）个人知识管理

有人曾经说过："知识就像宝藏，只有在开采的时候它才会有价值。"个人知识管理就是在日常学习和工作中，记录、整理和利用这些"宝藏"的过程。

这个过程需要好的工具和方法来支持，作者推荐读者将 Pocket 和印象笔记作为个人知识管理工具，采用"采集+归档"的方法来整理和存储知识。

1）采集过程：使用 Pocket 来收集你在网络上看到的有价值的信息。Pocket 可以很方便地保存文章、视频等，供用户以后查看，即实现了"Read it later"功能。有了 Pocket，可以将所有想下次阅读或观看的内容汇聚到一个地方，并且可在任何设备上随时查看。它支持跨平台、云端同步特性，使用非常方便，可以帮助用户很好地采集互联网中的知识。

2）归档过程：可以使用专门用于归档存储的笔记本来存放我们认为有价值的信息。在整理过程中，可以采用笔记本中的标签功能来分类和组织知识。这样可以在需要时更快地找到所需的信息。

值得一提的是，个人知识管理不仅是自我成长的过程，也是为未来留下宝贵的知识财富的过程。有人曾经说过："教育的价值不在于知识本身，而在于管理知识的能力。"记录、整理、利用和分享知识，往小了说，可以更好地帮助个人成长，往大了说，可以为社会的进步作出一些贡献。

（3）todolist

todolist 是指一个任务清单，每完成清单中的一项，就勾选核销一项。它是一种管理打卡任务的很好的方式。

如果想要列一个清单，那么可以选择 Trello 这样的工具。Trello 功能强大且易用。Trello 就是一个看板，在其中可以新建多个列表。

（4）书签

书签也是采用"采集加归档"的方式。inbox 保存临时的书签，梳理之后移动到归档的文件夹中。整个管理思路就是，先把"你想要的东西"放到 inbox 里，然后以整理、清空 inbox 并完成归档为乐。

（5）常用文档管理工具

接下来推荐 5 个好用的文档管理工具。

1）Notion。

Notion 是一款备受欢迎的笔记工具，其使用方式独特且灵活，尤其适合作为知识管理工具。

与传统的笔记软件不同，Notion 采用了模块化的设计，每个段落都是一个独立的区块，用户可以自由拖拽和布局。

此外，区块可以设置为各种类型，包括标题、待办、列表、引用、图片、视频等，Notion 甚至还提供了第三方嵌入功能，用户可以在 Notion 的 Page 中添加网页片段、代码、思维导图、流程图等模块，以便创建内容丰富的文档。用户甚至能在 Notion 中进行项目管理，构建自己想要的工作流。

2）语雀。

语雀是蚂蚁金服"孵化"出来的在线文档工具。它由阿里巴巴开发，是一款专业的云端知识库，目前已成为阿里巴巴员工进行文档编写和知识积累的必备工具。

语雀的内部协同功能完善，编辑器功能齐全，但需要一定的时间学习和掌握。使用该工具编写的内容简洁、易读，会像一本书一样呈现。

3）飞书。

利用飞书中明确的内容分类和层级式的页面树，可以轻松提升知识的流转和传播效率，更好地成就组织和个人。

飞书的知识库是飞书中的一个重要功能，它通过结构化沉淀高价值信息，形成完整的知识体系。

使用飞书的知识库，部门、团队或项目的所有成员可以在同一平台上创作和管理知识，轻松凝聚团队智慧，有效地降低企业的知识流转成本，让信息在企业内自由流动。

虽然飞书的知识库不能像语雀一样搭建论坛或博客，但它具有其他非常实用的功能。在知识库中，管理员可以为文档统一设置阅读、编辑、复制、打印、导出等权限，也可以为部分保密文档单独设置协作者，全面实现内容的精细化管控，知识安全尽在掌握。

4）个人知识库：有道云笔记。

有道云笔记是网易出品的在线笔记工具，它不仅提供了 PC 端、移动端、网页端等多端应用，用户可以随时随地对线上资料进行编辑、分享和协同，还支持分类整理笔记、高效管理个人知识、快速搜索、分类查找、安全备份云端笔记等功能。

这款工具不仅方便用户记录趣事和想法，还支持一键保存网页中的图文、云端存储，以及文字、图片、语音、手写、OCR、Markdown 等多种形式，满足用户的多种需求。

5）网盘类知识库：坚果云。

作为一款云知识管理工具，坚果云拥有强大的收集和归档功能，让用户可以将收集到的各类文件整合到同一个平台中，避免文件失效、丢失等问题。同时，坚果云的收件箱功能还可以帮助用户优化对外收集的流程，自动将收集到的文件存储到指定位置，省去下载和整理的步骤。

对于纸质文件，坚果云还提供了扫描备份功能，只需要简单的操作，就可以将纸质文件扫描成电子文档，直接同步到云端，让文件备份更加安全、可靠。

坚果云是一款功能强大、操作简便、安全可靠的云存储工具，既能满足个人的需求，又能为企业提供专业的服务。

> 随着数据的信息化，企业在日常运营中产生的资料文档、知识资产、报表数据等越来越多，极易造成信息"爆炸"，使成员无法在短时间内快速获取想要的知识内容，也无法全面了解哪怕任何一个细分领域的所有信息。

利用现代化工具，可以快速、精准、全面地获取信息。构建企业"知识库"让员工随时取用，成为企业成长与获得足够竞争力的关键。

3.2.4　Markdown 使用指南

Markdown 一种轻量级的标记语言。只需要记忆几个主要的标记符号，写作时就可以不用担心字体、字号等排版问题了。

Markdown 的优点如下：

- 因为它使用的是纯文本形式，所以兼容性极强，其文本可以用所有文本编辑器打开。
- 让用户专注于文字而不是排版。
- 格式转换方便，其文本可以轻松地被转换为 HTML、电子书等格式。
- 其标记语法有极好的可读性。

下面介绍一下 Markdown 的一些语法。

（1）标题

在 Markdown 中，在文本前面加上#，就可设置标题，例如：

```
# 一级标题
## 二级标题
### 三级标题
#### 四级标题
##### 五级标题
###### 六级标题
```

（2）列表

在 Markdown 中，在文字前面加上 -，就可设置列表，例如：

```
- 文本 1
- 文本 2
- 文本 3
```

如果希望列表有序，那么可以在文字前面加上“1.”“2.”“3.”等，例如：

```
1. 文本 1
2. 文本 2
3. 文本 3
```

（3）链接

在 Markdown 中，如果要插入链接，那么需要使用［显示文本］（链接地址）这样的语法，例如：

```
[百度](https://www.baidu.com)
```

（4）图片

在 Markdown 中，如果想插入图片，那么需要使用“！［］（图片链接地址）”这样的语法，例如：

```
![](https://example.com)
```

（5）引用

在写作的时候，经常需要引用他人的文字，这个时候，引用这个格式就很有必要了。在 Markdown 中，只需要在希望引用的文字前面加上 ">"，例如：

```
> 一分耕耘、一分收获。
```

注意，">" 符号和文本之间要保留一个空格。

（6）粗体和斜体

Markdown 的粗体和斜体设置非常简单，用两个 * 包含一段文本就是粗体的语法，用一个 * 包含一段文本就是斜体的语法。例如：

```
** 程序员 **
* 成长手册 *
```

（7）代码引用

在引用代码时，如果引用的语句只有一行，即不分行，那么可以用 "`" 将语句包裹起来；如果引用的语句为多行，则可以将 `` 置于这段代码的首行和末行。

（8）表格

用以下示例中的方式可以绘制一张表格。

```
dog |bird |cat
-|-|-
foo |foo  |foo
bar |bar  |bar
baz |baz  |baz
```

3.3　在线协作及 IDE

随着互联网的飞速发展，人们的生活和工作方式发生了很大的改变。

在线协作工具的出现，让来自不同地方的团队成员能够打破时间和空间的限制，实现高效的在线沟通和协作。

在这种工作方式下，研发团队成员可以快速打造出功能和视觉俱佳的产品，大大提高了团队协作效率。

3.3.1　在线协作工具资源

（1）在线协作工具的优势

在线协作工具的优势如下。

1）减少公司或团队在金钱和时间上的投入。

一个统一的在线协作平台，能够快速地将位于多个时区和地区的团队成员联系起来，减少不必要的时间浪费和人员差旅费用，从而，轻松减少公司或团队在金钱和时间上的投入。

2）减少因沟通不畅、等待而造成的不必要的时间浪费，有效提升团队协作效率。

所有团队成员都可以通过协作工具进行实时交流和沟通，而且无须过多等待，整个团队就能够更加专注于协作项目本身，从而有效提升团队工作效率。

3）确保项目的安全性和保密性。

现今很多在线协作工具都为用户敏感信息提供密码保护和权限设置功能，一定程度上有效地提升了项目的安全系数。

4）避免多种工具之间频繁切换。

在在线协作设计工具出现之前，完成协作项目往往需要借助多种第三方工具。例如，为了协作设计一款 Web 产品，首先，设计师团队需要使用 Sketch 或者 Photoshop 完成设计草图；然后，该团队需要用原型设计工具（比如 Mockplus）制作动态原型；最后，该团队需要利用各种社交工具进行反复的沟通和迭代，且这些工具往往都是不同的。

而一款高效、实用的在线协作工具，往往能够轻松连接和集成各类工具，避免用户在协作过程中频繁地切换工具。

5）在线实时沟通和协作，避免不必要的重复性工作。

任何项目的修改或更迭都可以通过协作工具，在线实时更新和通知，无须成员之间私下沟通或交流，避免不必要的重复性工作。

总之，一款优质高效的在线协作工具能够为团队带来非常多的益处。

（2）选用在线协作工具

既然在线协作工具如此实用，那么如何才能挑选一款真正适合自己且高效实用的在线协作工具呢？

在选择在线协作工具时，需要注意以下几点。

首先，应该了解团队成员的需求和通过协作所希望达到的目标。只有在清楚了目标之后，才能有的放矢地选择一款真正实用的在线协作工具。

其次，尽量选择提供免费试用或免费版本的工具，以便团队成员全面测试和了解相关工具的各项功能。价格是选择工具的重要因素之一，需要多方面比较，有所取舍地进行选择。

再次，需要了解工具的学习曲线，选择简单易上手的工具，这样更有益于团队协作。为保证数据的安全性，还应了解工具是否提供安全保密和数据备份功能。

最后，需要关注工具的售后服务和客户支持情况，以在出现问题时可以寻求支持。

（3）协作工具推荐

下面将推荐 3 款分别用于设计、编码、测试的在线协作工具。

1）Canva。

Canva 是一款功能强大的在线设计工具，它为用户提供了海量的设计模板、图像元素和字体，让用户可以轻松地创建出精美的设计作品。

它还拥有出色的在线协作功能。用户可以将自己的设计作品分享给团队中的其他成员，以便进行实时的协作和反馈。多人协作的功能不仅可以提高工作效率，还可以让设计作品更加完善。

不仅如此，Canva 还支持云端存储，用户可以在任何时间、任何地点访问自己的设计作品，方便快捷。

2）Visual Studio Code Live Share。

Visual Studio Code 是一款广受欢迎的开源代码编辑器，而 Live Share 是其强大的协作插件，它的协作调试功能非常完备。

Live Share 允许多个开发者在同一个代码项目上实时协作。每个参与者都可以编辑代码，共享调试会话，并进行代码评论和互动。

这个工具不仅适用于前端和后端开发，还支持多种编程语言和框架。它是一种非常便捷的工具，可使开发团队成员共同解决问题，提高生产力。

3）BrowserStack。

BrowserStack 是一个云端的跨浏览器测试平台，用于确保网站和应用在各种不同浏览器、操作系统和设备上正常运行。它提供了大量虚拟浏览器和真实设备，开发人员和测试人员可以使用它们来进行功能测试、兼容性测试与性能测试。

BrowserStack 还具有协作功能，团队成员可以在不同设备上同时进行测试，共享测试结果，并快速定位和修复问题。

3.3.2　花更多时间学习 IDE

优秀的开发人员能够高效地使用工具箱中的工具，也就是所谓的 IDE（集成开发环境）。在 IDE 中，可以进行写代码、运行代码、调试代码、测试代码和性能调优等工作。

事实上，世界上并没有最好的 IDE 工具，最适合你的，就是最好的。

IDE 的选择完全取决于程序员正在开发的程序类型、所选择的编程语言以及正在使用的硬件类型。虽然有些 IDE 功能强大，但它可能对项目来说太"重"了，有点"大材小用"了，这就不合适。

通常，可能会选择使用免费 IDE。免费 IDE 通常拥有强大的、用户驱动的插件社区。免费 IDE 通常比商业产品更容易定制，用户甚至可以联系社区委托定制插件。一些免费 IDE 还公开了源代码以便用户自定义构建程序。

不过，免费软件也可能会带来一些问题，比如缺乏支持、更新不规律或插件不兼容等。

是选择免费软件还是收费软件，需要与自身需求相结合进行考虑。

下面将列出一些目前在市场上流行的、受欢迎的 IDE。

（1）Visual Studio

Visual Studio 是微软公司推出的开发环境，是目前最流行的 Windows 平台应用程序开发环境之一。

它是一个可视化的工具集合，将代码编辑器、编译器、连接器、资源编辑器等整合在同一个开发环境中。它通过项目、项目集等组织概念，使得从开发到发布实现了流程化，减少了手工劳动。在编辑代码时，视图中会有各种直观的提示和辅助功能。

（2）IntelliJ IDEA

IntelliJ IDEA 是 Java 编程语言的集成开发环境，被业界公认为最好的 Java 开发工具之一，尤其是在智能代码助手、代码自动提示、重构、Java EE 支持、各类版本工具（Git、SVN 等）、JUnit、CVS 整合、代码分析、创新的 GUI 设计等方面表现优秀。

它提倡的是智能编码，尽可能减少程序员的工作。其突出功能是调试（Debug），它可以对 Java 代码，以及针对 JavaScript、jQuery、AJAX 等技术进行调试。

（3）Eclipse

Eclipse 是一款跨平台开源 IDE。它最初主要用来 Java 语言的开发，目前亦有人通过插件使其作为 C++、Python、PHP 等其他语言的开发工具。Eclipse 本身只是一个框架平台，但是众多插件的支持，使得它拥有较高的灵活性，所以许多软件开发商以 Eclipse 为框架开发自己的 IDE。

（4）PhpStorm

PhpStorm 是一个用于 PHP 和 Web 项目的开发工具。它是一个出色的 PHP IDE，支持 Laravel、Symfony、Drupal、WordPress 等多种主流框架。

它借助重构、调试和单元测试等功能来充分利用先进的前端技术，例如 HTML5、CSS、Sass、Less、Stylus、CoffeeScript、TypeScript、Emmet 和 JavaScript。借助实时编辑功能，可立即在浏览器中查看变更。

PhpStorm 还集成了版本控制系统，以及支持远程部署、数据库/SQL、命令行工具、Docker、Composer、REST 客户端和其他许多工具，可直接从 IDE 执行许多日常任务。

（5）PyCharm

PyCharm 是一种 Python IDE，带有一整套可以帮助用户在使用 Python 语言开发时提高其效率的工具，比如调试、语法高亮、项目管理、代码跳转、智能提示、自动补全、单元测试、版本控制等。

PyCharm 为开发人员在以下方面提供了一些出色的功能，包括代码补全和检查、高级调试、Web 编程和框架（如 Django 和 Flask 等）。

（6）NetBeans

NetBeans 是由 Sun 公司（2009 年被甲骨文公司收购）创建的开放源代码的软件开发工具，是一个开发框架和可扩展的开发平台，可以用于 Java、C、C++、PHP、HTML5 等程序的开发。因为它本身是一个开发平台，所以可以通过插件来扩展功能。在 NetBeans 平台中，应用软件是用一系列的软件模块建构出来的。

3.4　敏捷开发

Scrum 是迭代式增量软件开发过程，是敏捷方法论中的重要框架之一。敏捷指的是一种通过创造变化和响应变化在不确定与混乱的环境中取得成功的能力。敏捷软件开发是基于"敏捷软件开发宣言"定义的价值观与原则的一系列方法和实践的总称。自组织、跨职能团队运用适合他们自身环境的实践进行演进得出解决方案。

敏捷开发是一种软件开发方法，它强调快速迭代、自我组织、团队协作和对变化的适应。

3.4.1　敏捷开发定义

1. 迭代、渐进和进化

大多数敏捷开发方法将产品开发工作细分以微小化，因此大大减少了前期规划和设计的数量。迭代或冲刺都是短期框架，通常持续一到四周。每个迭代都具有跨功能、职能的团队，包含了规划、分析、设计、程序编码、单元测试和验收测试。在迭代结束时，将工作产品向利益相关者展示。通过上述方式，让整体风险降至最低，并使产品能够快速适应变化。迭代的方式，可能不会一次增加足够的功能来保证可立即发布使用，但是目标是在每次迭代结束时，有一个可用的发行版（最小化程序缺点）。因此，完整产品的发布或新功能可能需要多次迭代。

2. 高效率的面对面沟通

无论采用哪种开发方式，每个团队都应该包含一个客户代表（Scrum 中的产品负责人）。这个人由利益相关方同意代表他们行事，并做出个人承诺，回应开发人员在开发迭代过程中的问题。在每次迭代结束时，利益相关方和客户代表将审查进度并重新评估优先级，以优化投资回报率（ROI）并确保与客户需求和公司目标保持一致。在敏捷软件开发中，会在开发团队附近设置一个消息发布器,它会提供最新的产品开发状态摘要。通过设置状态指示灯,可向团队通知产品开发的当前状态。

3. 非常短的反馈回路和适应周期

敏捷软件开发的一个共同特点就是每日站立会议(也称为日常 scrum)。在一个时间简短的会议中,团队成员相互报告团队前一天的迭代目标、今天打算实现的目标以及可以看到的任何障碍或阻碍。

4. 质量焦点

经常使用诸如持续集成、自动化单元测试、配对程序开发、测试驱动开发、设计模式、领域驱动设计、代码重构,以及其他特定工具和技术来提高产品质量与开发敏捷性。

5. 敏捷哲学

与传统软件工程相比,敏捷软件开发方式主要针对具有动态、非确定性和非线性特征的复杂系统与产品进行开发。准确的估计、稳定的计划和预测往往很难在早期做到,因此项目团队对准确设计进度的信心可能很低,但敏捷开发又要求团队成员需要足够的信心。所以,我们提倡不应做过多的前期准备工作、以及组织过大的前期规格会议,这是敏捷行业从多年的项目经验总结的基本论点。

3.4.2 敏捷软件开发宣言

"敏捷软件开发宣言"是一组原则,是由 17 位软件开发专家在 2001 年编写的一份文件,它描述了软件开发过程中的一些基本原则和价值观。

该宣言旨在有效地指导开发人员开发软件。它强调团队合作、迭代和持续交付以及满足客户需求。"敏捷软件开发宣言"是非常有价值的开发指南,它可以帮助开发团队提高效率并创建出更好的软件产品。

它包括以下原则。

- 对我们而言,最重要的是通过尽早和不断交付有价值的软件以满足客户需要。
- 我们欢迎需求的变化,即使在开发后期。敏捷过程能够驾驭变化,保持客户的竞争优势。
- 经常交付可以工作的软件,从几星期到几个月,时间越短越好。
- 业务人员和开发人员应该在整个项目过程中始终在一起工作。
- 围绕斗志昂扬的人进行软件开发,给开人员提供适宜的环境,满足他们的需要,并相信他们能够完成任务。
- 在开发小组中,最有效率也最有效果的信息传达方式是面对面的交谈。
- 可以工作的软件是进度的主要度量标准。
- 敏捷过程提倡可持续开发。出资人、开发人员和用户应该总是维持不变的节奏。
- 对卓越技术与良好设计的不断追求将有助于提高开发敏捷性。

- 简单——尽可能减少工作量的艺术至关重要。
- 最好的架构、需求和设计都源自自我组织的团队。
- 每隔一定的时间，团队都要思考如何才能更有效率，然后相应地调整自己的行为。

"敏捷软件开发宣言"的主旨：
以客户为中心，欢迎变化，
通过协作来提高效率，
以功能为导向，通过反复迭代
来提高质量。

　　敏捷开发相关内容很多，扩展开来能单独出一本书了，这显然不是本书的目的，这里仅提供一个引子，引导并告诉读者，敏捷开发能帮助开发人员建构更好的软件开发全局观。

第4章

职业：本色做人、角色做事

在日常生活中，我们应该做真实的自己，不要装作别人，保持本来的个性。在工作或者其他活动中，我们可以扮演不同的角色，以完成任务或者达成目标。在其位谋其职，这是工作赋予我们的使命。"尽职尽责"并不只是求职或述职过程中轻描淡写的个人标签，作为职场人，理应本色做人、角色做事。

4.1 工作态度

作为一名程序员，不应该在解决问题的时候认为某项功能是无法实现的。有些程序员经常会说"这个功能无法实现""我们是不是换个功能""其实这个问题之前一直存在"这类的话，其实这些都是借口。给借口找理由往往比给出解决方案轻松，但只有解决方案才能推动事情的发展。

程序员应该有这样的意识：程序是现实世界的一种抽象表现，只要找到正确的方法，所有的问题都能解决。这是作为程序员最重要的工作态度之一。

程序员还应保持对自己职业的热情和敬畏。即使未来在职业上取得很大的成就，也应该坚持每天写代码，时刻关注业界的最新动态和新技术的发展。只有这样，才能不断进步，保持自身竞争力。

程序员还必须避免思维的固化。在工作中，不能仅仅关注自己的解决方案，还应该保持开放的心态，寻找不同的解决方案。

没有什么是不可能的，只要保持积极的态度，不断学习和探索，就一定能够实现所追求的目标。在这个过程中，应该始终坚持自己的信仰和原则，相信技术，追求卓越，不断超越自我。

4.1.1 如何对接不同角色的工作

我们在 3.1.1 节中提到过软件开发项目中的 7 大类角色，与不同的角色对接工作，有不同的技巧。首先，作为程序员，我们需要知道他们的关注点是什么；其次，需要思考一下我们能提供什么。最后，大家合力付出，准确完成工作。

在研发工作中，对接不同的岗位角色，有哪些注意点呢？

（1）产品经理

在研发工作中，与产品经理对接工作是非常重要的。为了保证项目的顺利进行，研发人员应该积极主动地与产品经理保持密切沟通，并及时反馈项目进展情况。这样可以避免项目出现重大问题，有助于提高项目的实施效率。

（2）项目经理

在与项目经理对接工作时，应该注意了解项目经理的需求和目标，确保自己的工作能够有效地帮助实现这些目标，并随时更新项目经理有关项目进度的信息。

（3）UI 设计师

在与 UI 设计师对接工作时，应该检查设计是否符合产品的功能和性能要求，并确保 UI 设计师的设计能够被正确实现。此外，还应该积极保持沟通和协作，随时与 UI 设计师沟通产品的功能和性能，并在实现设计时向他们提供反馈。

（4）开发人员

在与开发人员对接工作时，应该注意确保开发人员理解需求和指导方针。例如，应该提供详细的文档和具体的指导，并确保开发人员理解产品的功能和性能要求。

（5）测试人员

在与测试人员对接工作时，应该注意确保测试人员理解产品的功能和性能要求。例如，应该提供详细的文档和具体的指导，并确保测试人员了解产品的各项功能。此外，应该保持沟通和协作，随时向测试人员了解测试进度和出现的问题，并协助测试人员解决遇到的问题。

（6）运维人员

在研发工作中，与运维人员对接工作也非常重要，因为研发和运维是相互依存的。研发人员需要确保运维人员能够按照预定计划部署和维护软件系统，而运维人员需要研发人员的支持来维护和更新系统。

研发人员应该与运维人员保持密切沟通，确保所有必要的信息都能及时传达。这样，运维人员才能准确理解研发人员的需求，并能够按照要求进行部署和维护工作。

（7）运营人员

研发人员应该主动与运营人员沟通，了解运营人员的需求和遇到的问题，并确保自身的工作能够满足运营人员的需求。研发人员还应该确保他们能够提供有力的技术支持，保证运营人员能够顺利完成工作，这可以通过提供在线文档、技术指南和帮助文件来实现。

> 这样看来，无论与什么样的角色对接工作，保证充分的沟通都是很重要的呀！

4.1.2　对事不对人

准确来讲，对事不对人，就是要把焦点放在事情上，分析事情的是非对错，不去怀疑别人做事的动机，更不能因为一件事而否定别人的人格。一旦涉及动机和人格，就容易转移视线，本来是说事的，最后却变成了人身攻击，这是不应该的。出版家雷震曾说："对人无成见，对事有是非"。这句话可以说对"对事不对人"做了一个很好的说明，但做到这点非常不容易。

（1）关注事情

首先，我们不能因为一个人没有做好一件事就上升到这个人不行的高度。当我们在讨论、沟通的时候，双方的关系并不是拔河的两方，而是肩并肩行走的朋友，我们有共同的目标，只是对方或者你没有把这件事做好，我们只是实事求是地指出来。双方确实能真诚地相互欣赏，指出来只是为了更好地向对方提供帮助。

在编程工作中，应该避免谴责同事或指责他们的能力水平，应该聚焦于问题本身，提出具体的解决方案，以便团队一起改进代码质量。

我们要解决的是问题，而不是指责人。

（2）欣赏同事

你需要理解的是，人都是复杂的，而且，你要能容忍人的复杂。你不能要求一个人与你一样，如不能要求一个人像你一样在下班时间去学习，也不能要求别人同意你的主张或者要与你喜欢同样的球队。只要他在该做对的地方做对，就可以了。什么意思呢？只要他在他所在的工作岗位上做对，就可以了。就像我们常说的，每个人的能力不一样，你不能因为他的能力对你不重要或者不适合与你一起工作就否定他，我们要客观一点。

（3）控制情绪

控制情绪，才能做到求同存异，而做到求同存异，就能做到对事不对人。可是，情绪是很难控制的，于是我们需要不断提升自己。当我们站到更高的高度的时候，才能有效地控制自己的情绪。当然，再厉害的人，也会有控制不住自己情绪的时候，只是说他的控制能力相对高一些。

（4）留给"台阶"

通过彼此留"台阶"，可以心照不宣地把问题解决。这样，可以给双方一个改正错误的机会，而不会让双方都感到被指责或受到攻击。通过这种方式，双方可以维持良好的工作关系，同时有机会从错误中吸取教训，避免再犯同样的错误。

通过留"台阶"的方式，我们还能够让对方更愿意接受帮助，并与我们建立良好的沟通渠道。

4.1.3　工作责任心

程序员在工作中要有责任心。程序员的工作责任心指的是程序员对自己的代码、项目的质量、用户的体验和安全所负责任的认识、情感与信念。

具有责任心的程序员不仅仅是为了完成任务而写代码，而是要对自己的代码质量负责，确保代码的可靠性和安全性。同时，也会充分考虑用户的需求和体验，尽可能地提供良好的用户体验，保护用户的隐私和安全。

在职业生涯中，程序员的工作责任心不仅包括遵守规范和承担职责，还包括自我成长和提高技能水平的义务。

其实，工作责任心是可以通过学习、引导来培养和训练的。首先，应该找到工作责任心不强的原因。

1）害怕被考核，认为做多错多，于是干脆选择不做。

2）认为事情在职责范围之外，为自己找接口，出问题后，选择推脱。

3）不满意公司的管理制度，不赞同"拍脑袋"决策方式。

4）认为所做和所得不匹配。

需要承认的是，以上想法都是一些正常的想法，当出现这样的想法的时候，应该停下来，仔细想想。其实，几乎所有工作都是先承担责任，才有可能获得晋升的机会或实现自我的提升。需要克服一些惰性，引导自己以激发自己的责任心，具体内容如下。

1）用正向反馈、正向激励来调动自己的责任心。一定要明白，只有先承担责任，才能在公司或团队中拥有话语权。话语权就相当于主动权，拥有主动权才有可能获得自己想要的待遇、尊重等。

2）在团队中承担责任，可以调动自己的情绪，从团队成员那里获得存在感，拥有团队的归属感。团队需要承担责任的角色，需要能做事的人，如果存在淘汰机制，那么团队中没有承担责任的人往往是淘汰的首选对象。

3）建立自信心。其实，不敢承担责任的另一层含义是不自信，因为没有信心将事情做好，所以选择不做。自信心在任何时候都很重要。建立自信心，敢于担责，才能有所突破。迎难而上才有可能取得有价值的成果。

4.1.4 技术人的态度

（1）主线技术

很多程序员都会有这样的想法，现在技术更新迭代太快了，根本学不过来。产生这种想法的原因是没有抓住技术演变的核心。

我们简要回顾一下 IT 的发展脉络，就会发现一些关键的主线技术。

20 世纪 70 年代，UNIX 的出现是软件发展史上的一座里程碑，同时期出现的 C 语言成为编程语言发展史上的一座里程碑。当时所有的项目都利用 UNIX 和 C 语言。Linux 跟随的是 UNIX 的发展步伐，Windows 下的开发使用的是 C 和 C++。这时候出现的 C++ 很自然就被大家接受了，企业级的系统很自然就会迁移到这上面。虽然 C++接过了 C 的接力棒，但是它的问题是没有一个企业方面的架构，而且太过自由、随意了，否则也不会有今天的 Java。C++ 和 C 非常接近，它只不过是 C 的一个扩展。而在 Java 被发明后，IBM 把企业架构这部分的需求接了过来，J2EE 的出现让 C 和 C++开始有些力不从心了。在编程语言进化过程中，还出现了 Python、Ruby 和 .NET，但可惜的是 .NET 只局限在 Windows 平台上。在企业级软件开发方面，语言层面就是从 C 到 C++，再到 Java 这条主线，操作系统是从 UNIX 到 Linux/Windows 这条主线，软件开发中，需要了解的网络知识就是从 Ethernet 到 IP，再到 TCP/UDP 这条主线。在互联网方面，包括 HTML、CSS、JavaScript、LAMP 等。

虽然新技术不断涌现，但是一些成熟的技术历久弥新，比如 UNIX 已有 50 多年历史，C 已有 50 多年历史，C++已有 40 多年历史，TCP/IP 已有 40 多年历史，Java 也有 20 多年历史了。

我们应该认真学习主线技术，切勿本末倒置。

（2）吃苦精神

现在互联网已经提供了一个很好的学习环境。可以很容易地查到知识；有很多社区，文章、分享的人越来越多；工具变多了。现在的工具发展得很好用了。如今，不仅工具变多了，框架也多了，出现了各种各样的编程框架；无论是环境，还是开发过程，都更规范了。虽然现在有了好的知识库、社区、开发框架和流程，但是，现在的程序员似乎变得更爱"抱怨"了，学技术时挑挑拣拣，经常抱怨某个编程语言、IDE、框架或版本管理工具不好等。

不是技术变难了，环境变差了，是一些程序员变"娇气"了。

任何一门技术掌握到精通程度，都是很有意思的。有些人形成了一种价值取向，即只做什么，绝不做什么。无论是前端还是后端，都涉及编程，JavaScript 可用来编程，C++ 也可用来编程。编程不在于你用什么语言，而在于你组织程序、设计软件的能力，如果要上升到脑力劳动上，就会发现用什么都一样，技术无贵贱。你可以不喜欢那个技术，但是还是要了解一些，没有必要完全不用或抛弃。

原来，编程语言只是工具，真正让你强大的是编程思想和解决问题的能力呀！

4.2 人际关系

对于刚入职的初级程序员，如果想获得一个较好的同事关系（工作氛围），一定要注重技术能力的提升，尽快承担起自己的岗位任务。从历史经验来看，勇于承担新任务的初级程序员，不仅会有一个较快的发展速度，往往也会赢得上司的信任，从而顺利突破早期的职场发展瓶颈。

对于刚入职的主力程序员，如果想获得同事的认可，既要体现出自己的技术能力，又要注重与领导和同事的沟通。另外，需要搞清楚团队的开发流程以及各种开发方式（工具），毕竟，进入新的工作环境，要"入乡随俗"。

新入职的主力程序员尽量不要在新团队中提及原来的工作方式和方法，而应该尽快适应新的开发环境，对新团队的认可往往是融入新团队的第一步。

无论是初级程序员，还是主力程序员，在进入一个新的开发团队时，都要重视人际关系。本节将带来作者关于人际关系的一些认知。

4.2.1 完成大于完美

我们经常会听到这样的话："要么不干，要干就要干到最好。"这句话的本意是好的，鼓励人上进，但如果是一个比较要强的人，他就很容易会变成"完美主义者"。

"完美"听起来是一个挺值得人骄傲和自豪的词语，但有时会有隐含的意思：你看，为了追求更好的结果，我很努力。我们往往忽视了其背后的三个陷阱。

（1）低效率陷阱

完美主义者，为了追求达到完美的剩下 20%，往往比别人多花费 80% 的时间，而这些时间，本可以更好地用在其他地方，比如：多运动以保持身体健康、巩固家庭成员关系、发展个人兴趣爱好、多交几个好朋友、多读几本拓宽视野的好书。

用一个简单的例子来说明这一点，假设正在编写一个应用程序，却花费了大量的时间来完善代码，但实际上在某个时间点上，就必须停止"一直优化代码"的行为而转向"发布并试用应用程序"。如果一直追求完美，那么所开发的程序可能永远不能面向公众和市场。

更快地推出产品并开始获得收益、反馈，如果在后续的版本中发现了问题，还可以随时改进代码。这样既提高了效率，又能持续完善和优化。

（2）"一步到位"陷阱

当看到一些设计巧妙的代码库时，很自然会想到，想要写出这些代码，需要付出很多努力，如迭代优化很多次代码。然而，当我们自己开始编程时，却总是期望能够一次性写出完美的代码，以获得很高的成就感。

事物的发展往往有其内在规律，比如编程学习，关键是在早期学习，如大学期间，如果早期没有机会学习，那么后续学习的难度可能会大得多，并且需要花费更多的时间。这就体现了抓住事物发展规律和关键时期的重要性。

想要在短时间内精通编程，实际上是逆规律而行的，是不合理的期望。如果错过了合理的成长所需的时间，就不要期望在短时间内达到高水平。如果致力于成为一名卓越的程序员，那么最好的学习编程的时间是工作前的几年，其次是现在。

（3）"表演努力"陷阱

许多人并不是完美主义者，而是"表演完美主义者"，通过向别人展示"我很努力"，获得关注和努力的感觉。这样做的"好处"是，并没有付出很多"真实"的努力，却得到了别人的夸奖和赞美。

有这样的想法很正常，不要害怕，因为人天然就有想不劳而获或少劳多得的习性。有些人小时候经常会在父母面前"表演"努力，父母一来，开始写作业，一走开，就开始看电影。但我们所有人都清楚，这对于真实的提高并没有帮助，它并不能让我们成为更好的自己。

如果有一天我们发现，自己掉入了"表演努力"陷阱，那么不要难过，试着改变，去体会努力的感觉。如果真正开始努力了，那么算是我们在自己身上克服了这个全人类都有的惰性，非常了不起。

> 总结：我们要警惕低效率陷阱、"一步到位"陷阱和"表演努力"陷阱。

在工作、学习时，要尽早开始，不求一步到位，先完成最初版本，再逐渐迭代。在迭代过程中，不求表演给别人看，而是自己踏踏实实、慢慢地升级、进化、成长，像滚雪球般，坡越长，雪球能够滚得越大。

4.2.2 团队的重要性

大家都知道，现在的软件开发已经不再有 20 年前浓厚的个人英雄主义色彩，一个"超级"程序员就能够搞定一切的情况已经很少出现了，更多的情况是以团队的形式进行系统的设计和开发，因此，团队精神变得越来越重要。

在刚毕业要踏入软件开发这个行业的时候，我就在自己的简历里面写道：具有很强的团队精神。说句实话，我当时对这个词的理解真的不是那么透彻，只是觉得人缘好，和别人合得来，就可以称自己有团队精神。然而，随着工作年头的增加，经历过各种不同的团队，也带领过不同的团队，渐渐地，对"团队精神"的体会越来越深，觉得它并非那么简单。

什么是团队精神呢？它包括了下面这些特点。

（1）荣辱与共

作为一个团队中的成员，就要把整个团队的荣辱放在第一位，这似乎是集体主义精神的体现，与当前以个人为中心的思想有些格格不入，但是，只有把整个团队的利益放在首位，团队才能够发展和进步。而团队的发展和进步必定会给其中的每个成员带来好处。

这里介绍一个典型的情况，项目团队中一般会有开发人员和质量管理人员（也就是我们常说的测试人员），这两种角色是一对"冤家"。开发人员非常怕质量管理人员在测试的时候测出无数的问题，而质量管理人员会经常抱怨开发人员在没有测试的情况下就提交给他们。二者之间似乎总有不可调和的矛盾。

想要解决这个问题，其实很简单，就是要明确荣辱与共这条原则。开发人员的目的是想要高效、高质地开发出程序，这首先就要对自己提高要求，如果开发出来的程序的质量不高，那么必然会返工修改，似乎当时节省了自己的时间，尽快地把程序提交了，但实际上，后续还需要自己修改，"节省"的时间还要花出去。另外，还需要测试人员指出低级的问题（对于那些问题，只要细心一些，就能够避免），也会浪费测试人员的时间，这对于团队来说，就花费了两份时间。如果能够想到为团队节省时间，就会自觉地提高自己程序的质量了。

而对于质量管理人员，首先要做的当然是仔细测试，不可敷衍了事，否则，虽然可以节省自己的时间，而且容易和开发人员搞好关系，但是必定会导致程序质量的下降。质量才是程序的生命线。其次，不可以因为自己发现了很多程序缺陷就沾沾自喜，的确，作为质量管理人员，发现很多缺陷意味着工作做得很到位，但是我们的目的是什么呢？并非是要找到更多的缺陷，而是要想办法提高系统的整体质量。质量管理人员可以将缺陷总结分类，然后将自己的分析结果提交给整个团队，指出哪些地方比较容易犯错误，那样的话，不仅整个团队的开发质量得到了提高，还节省了自己以后工作的时间，只不过不会总是找到那么多的缺陷了。

（2）交流分享

交流在任何工作中都是非常重要的，只有充分交流，才能够更好地工作。这些交流不能仅限于开发人员之间，团队之中每个人之间都应该充分交流，否则就会在信息的传达过程中出现理解上的偏差。比方说，如果上游工程（需求分析、概要设计）的负责人不和下游工程（详细设计、编码、测试）的人充分交流，那么很可能会得到最终用户这样的评价：你们所做的东西不是我想要的。这就是由于信息在传达的过程中发生了偏差，失之毫厘，谬以千里，导致了最终客户对团队的差评。

团队成员应该成为朋友。这在现在的职场之中也许很难得到认同，甚至还会有人说，不要把同事当成朋友。我们一天之中的很长时间是与同事一起度过的，还有很多东西需要和同事一起承担、一起分享。如果不是朋友关系，没有最起码的信任，怎么共同做事呢？在组建团队的时候慎重挑选成员，尽量让大家都成为朋友，那样才更有利于工作的开展。

分享意味着什么呢？它意味着共同进步。知识可以分享，经验可以分享，好吃的和好玩的也可以分享，这些也应该是大家成为真正的朋友的前提吧。尤其是知识和经验的分享，对组建学习型团队非常重要。最有效的形式之一就是在固定的时间举办技术交流会，团队的所有人尽可能参加，大家可以把自己在工作和生活中发现、学到的知识分享出来，这样不仅有利于大家共同提高，还有利于解决工作中的各种问题。

（3）精诚协作

想要实现精诚协作，首先就不要"事不关己，高高挂起"。尽管有些事不是我们分内的事情，但是对于团队的事情，我们都应该尽自己所能。有人会说，做得多，错就多，帮别人修改了程序，当这个程序出问题的时候，就会怪罪到自己的头上。这种情况的确存在，但是要珍惜的是这个过程中和其他团队成员的交流以及所学到的知识。任何事都不可能做到完美，而且很多都具有两面性。精诚协作非常有利于形成真正意义上的团队。当我们出现问题的时候，我们曾经帮助过的人会帮助我们。

也许有人会说，让一个人做别人的工作，修改他不熟悉的程序，风险比较高，很可能会出现其他问题。这种情况的确存在，因此，在涉及业务领域知识的时候，要谨慎，复核一下是有必要的。而对于纯技术问题，就不存在这种问题了，一个项目中的程序的风格都应该是统一的，程序员之间应该可以互相阅读和修改程序。

另外，协作要体现在整个团队之中，需求分析人员、设计人员、开发人员、测试人员之间都要协作。在做自己的工作的时候，要为别人着想，考虑如何才能够更有利于别人也顺利开展工作。

（4）尊重理解

人都有长处，也都有短处，这是肯定的。因此，在发现别人犯错的时候，应该去理解，并且以对事不对人的态度去解决问题。

例如，测试人员发现开发人员开发的程序中出现了很多缺陷，不应该去指责，而是应该记录下来，然后和开发人员一起分析，提醒他以后不要出现类似的错误。

又如，当开发人员发现设计人员的设计出现了问题时，应该去沟通，结合技术实现给设计人员提出建议。

再如，设计人员发现最终的程序与自己的本意有出入，不应该强硬地要求别人重新编写代码，而应该去沟通，找到出现这样的问题的原因，从而避免以后在对需求的理解上出现歧义。

多一份尊重，多一份理解，才能够更好地沟通和协作。

如果做到了上面的四点，就应该可以建立一个比较优秀的团队，接下来要做的就是保持团队的稳定，并且在一个又一个项目的磨炼中不断地增进团队的凝聚力和向心力，更加合理地根据每个人的能力来分配工作，做到人尽其用，这样团队的工作效率会越来越高，完成任务的质量会越来越好。

创建一个优秀的团队，需要很长时间，需要团队成员彼此之间不断磨合、理解和包容，所以，在创建团队之前，要确保团队成员的稳定性，同时，对于人员的增减，要慎之又慎，只有完全理解和赞同团队文化，并且能够为团队作出贡献的人，才可以加入团队。

4.2.3　沟通促进合作

从某种角度来说，软件工程其实并不是一个技术活，而是一个社会性活动，因为现代公司的项目一般都不是一个人能完成的，每个人都免不了和其他人打交道。所以，在软件工程中，人与人之间的合作比技术更重要。良好的沟通可以促进合作，这里带来一些良好沟通的技巧。

（1）公众场合发表意见要"留有余地"

在成为程序员的初期，我看到所在项目的项目管理工具有很多功能还不够完备，而且，与市面上的工具相比，还很落后，一些 bug 与需求无法有效关联，无法追踪变更记录。于是，在一次周例会上，我大胆指出了这个问题，另外指出了测试人员提交 bug 的方式和方法存在问题，希望能重新部署一套内网环境下的项目管理工具。因为事前缺少调查研究，没有理论根据，话又说得太满，所以我的提议被否决，而且给人留下一种随意指责他人的不良印象。事后反思，我当时确实不应该如此"冲动"。在公众场合发表具有大的变革性的意见时，一定要斟酌再三，并且事先进行调查研究，与各方提前沟通，这样才不会让局面变得难堪。项目发展至今仍存在问题是很正常的，看到问题是一个好的开始，但提出问题一定要在充分了解背景和相关状况的前提下，比如用人成本、项目重心等。

在公众场合发表意见要慎重，给自己留有余地，也不会让他人感到尴尬。

（2）面对他人的批评，先别急着否认

一些程序员认为自己水平高或资历老，在面对别人的批评时，往往认为他人的批评是毫无道理的，因为他们认为自己是懂技术的，而其他人是不懂的。此时，或许需要先冷静下来，听听他人想要表达什么，分清楚对方是想要解决问题，还是只想打击别人的信心。

面对无端的批评或指责，想让对话尽快回归正轨的最好方式之一是：停止对话！但不要当时就争吵起来，等双方情绪都平稳了，再进行沟通，这才是明智的做法。

保持自信和镇定是技术人应有的风度。

（3）不确定的话，先别说出口

作为程序员，当你对一件事不太确定时，宁愿不说，等一等，也不要乱说。"可能""也许""大概""说不定"这些词汇会增加对方的不安全感。

技术层面的很多概念都是客观、明确的，如果不清楚，则可以先缓一下，自查后再进一步沟通，而不是给对方模棱两可的回复。

总之，想好了再说，别浪费每一次在别人面前展现自己魅力的机会。

（4）幽默是一种良好的润滑剂

幽默是一种艺术，能够给人带来快乐和赢得他人的好感。

在职场中，幽默同样是一种生产力。幽默能够激发人的向上的情绪，营造人与人交往时的友好气氛，最大化人的人格魅力，还能够化解工作中的尴尬和矛盾。

例如，在一次团队会议上，程序员们正在讨论一个特别复杂的技术问题，很久都没有结果。突然，其中一个人说："我们为什么不试着重启一次'电脑'呢？"这句话一语双关，既缓解了会议的紧张气氛，又向与会者传达了休息片刻、理清思路后再讨论的想法。在休息片刻后，与会者已经理清思路，重新开始讨论，很快就找到了解决方案。

可能有人会说，自己天生就不是幽默的人，不知道如何才能幽默。其实不然，幽默能力的培养也是有一定的方法的，尝试学习一些幽默"套路"，也许能在以后的沟通中事半功倍。

（5）学会自嘲

编程是一个需要集中注意力和精细的工作，而且经常会遇到各种挑战和问题。自嘲可以缓解压力，也可以展现个人的幽默感。

在编码工作过程中，如果别人说错了话或者不经意冒犯了你，难免会出现尴尬的场面，这时应该用自嘲来打破尴尬的局面。

4.3　持续学习

持续学习的重要性不言而喻。

中国有一句老话："活到老，学到老"，大概是说总有新的知识产生，需要持续学习。

回到大龄程序员焦虑这个话题，学习是破解的不二法门。

我们来看对程序员要求的一些变化。

在公司还很小的时候，可能一个人就把写页面代码、写服务代码和写数据库代码的活都干了，甚至百余人的公司都未必有专门的数据库管理员，偶尔就连运维的活也要干。

随着业务规模的扩大，问题的复杂度呈现几何级数增长，分工向精细化方向发展，如分为前端开发、后端开发、测试、网页交互设计等。

精细化分工后，其副作用开始显现，分工"鸿沟"阻碍了效能。于是，有的程序员开始学习全栈，后端人员学习基础的前端知识，研发人员开始学习运维知识。一年前后，需要学习的内容和广度就已不同。

随着业务数据化、数据业务化，进行业务开发的程序员还需要掌握大数据甚至 AI 的基础知识，以适应软件迭代需求。

可以看到，处于不同阶段的程序员都被要求、推动着持续学习。

其实，不只是程序员岗位，在其他任何岗位上，甚至在没有工作的时候，也都不能放弃对知识的渴望与追求。

随着现代教育的不断完善，大家会发现，身边普遍都是高学历、高水平的人，竞争愈发激烈。在这样的竞争下，想要轻松找到一份满意的工作越来越难。在社会上，出现这样一种现象，有些年轻人畏惧竞争和挑战，不断降低对个人的要求，试图以"低欲望"的方式和态度来逃避竞争。

试问：年轻人真的可以"低欲望"吗？因害怕学习、竞争和挑战就直接消磨掉欲望，真的能解决问题吗？

举个例子，在我们高中的时候，一些同学选择辍学，他们或因为不爱读书，或想早日进入社会挣钱，对学习、测验满不在乎。而同一届的其他同学在本科或研究生毕业后去到更好的企业工作，拿更好的薪水，有更广阔的工作平台和成长空间。

逃避导致他们在学习竞争中错过了一个最佳时期，这个时期应该是学习能力和实践能力最强的时候。等回过神来的时候，生活早已定型，有家庭的责任需要承担，有生活的琐事需要处理，自己已很难再做出改变。新的窘境再一次摆在面前，想学却已经没有机会。后悔当初，应该再坚持一下，说不定会突然想明白，踏实地把求学这条路走好。

在职场中，同样如此，个人的核心竞争力是通过学习被赋予的，随着年龄的增长，没有自己的学习论、方法论做铺垫，路只会是越走越窄。人才之所以是人才，一定是因为他们持续学习，不断沉淀积累，一点也急不得。逃避按照规划去持续学习，结果只会是感到压力越来越大，烦躁的同时却也无法分心他顾。

猿山羊爷爷，我经常感觉自己沉不下心来学习，应该怎么办呢？

学习讲究方法和规划。跟着方法学，按部就班、及时奖励，你甚至会对学习"上瘾"哩！

如猿山羊所讲，学习讲究方法和规划。按照规划，一步步去做，形成习惯。习惯的力量是很强大的，养成一些好的学习习惯，它会持续不断地对你的学习进行加持。所以，本节将首先介绍一些学习方法论，接着着重介绍费曼学习法，然后帮助你找到程序员技术学习的途径。

4.3.1 学习方法论

首先介绍一种衡量人们工作方法和能力的层级模型——德雷福斯模型。
它把从新手到专家的技能成长阶段分成五个层级，如图 4-1 所示。

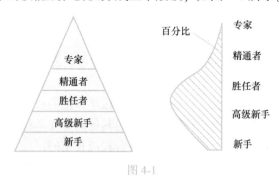

图 4-1

1）新手：新手需要指令清单。新手在某技能领域经验很少或者根本没有经验。这里提到的经验指的是通过实施某项技术，促进了思维的改变。对于新手程序员，他们往往缺乏技术实战经验，不能独立完成某一项目，依赖于他人的指导。

2）高级新手：高级新手不想要全局思维。一旦经过新手的历练，就开始以高级新手的角度来看待问题。高级新手能够或多或少地开始摆脱固定的规则。他们开始独自尝试完成任务，但仍难以解决问题。高级新手程序员通常已有一定的项目研发经验，经历过完整的项目研发过程，但是只作为其中的配角参与，可以完成一些编码工作，却缺乏对研发项目全局的把握能力。

3）胜任者：胜任者能够解决问题。你可能会看到，处于这一水平的人通常被认为"有主动性"和"足智多谋"。他们往往在团队中发挥领导的作用（无论是否有正式的头衔）。他们是团队里的好人，既可以指导新手，又不会经常"骚扰"专家。编程工作中的胜任者通常已经历过多次完整的研发项目，这类程序员往往存在着向上突破的瓶颈。

4）精通者：程序员中的精通者能够自我反思、自我纠正。达到精通水平的从业者需要全局思维。他们将围绕这个技术，寻找并想了解更大的概念框架。对于过于简单的信息，他们会非常沮丧。

5）专家：程序员中的专家凭直觉工作，他们是编程领域知识和信息的主要来源。他们总是不断地寻找更好的方法和方式去做事。他们有丰富的经验，可以在恰当的情境中选取和应用这些经验。

新手使用规则，专家使用直觉；新手通过模仿和观察来学习；专家要不断实践以维持专家水平。

学习不是简单地投入时间和精力就可以达到效果，我们需要通过一些技巧和方法来提高学习效率，以便最终达到自己想要的学习效果。特别是在参加工作之后，学习时间很少，所以更需要使用一些方法论，以便高效地掌握一些知识。接下来带来一些经典的学习方法论。

（1）思维导图：由点到面，通过发散性思维不断联想

思维导图（The Mind Map），又叫心智导图，是一种表达发散性思维的有效图形思维工具。它简单却很有效，是一种实用性很强的思维工具。

思维导图运用图文并重的技巧，把各级主题的关系用相互隶属与相关的层级图表现出来，把主题关键词与图像、颜色等建立记忆链接。思维导图充分运用左右脑的机能，利用记忆、阅读、思维的规律，协助人们在科学与艺术之间、逻辑与想象之间平衡发展，从而挖掘人类大脑的无限潜能。

思维导图是一种将思维形象化的方法。我们知道，放射性思考是人类大脑的自然思考方式，每一种进入大脑的资料，无论是感觉、记忆，还是想法，包括文字、数字、符码、香气、食物、线条、颜色、意象、节奏、音符等，都可以成为一个思考中心，并由此中心向外发散出成千上万个关节点，每一个关节点代表与中心主题的一个连接，而每一个连接又可以成为另一个中心主题，再向外发散出成千上万个关节点，呈现出放射性立体结构，而这些关节的连接可以视为你的记忆，就如同大脑中的神经元一样互相连接，也就是你的"个人数据库"。

思维导图是有效的思维模式，是应用于记忆、学习、思考等的思维"地图"，有利于人

脑的扩散思维的展开。思维导图已经在全球范围得到广泛应用，新加坡教育部将思维导图列为小学必修科目，大量的 500 强企业也在学习思维导图。介绍左右脑的思维导图示例如图 4-2 所示。

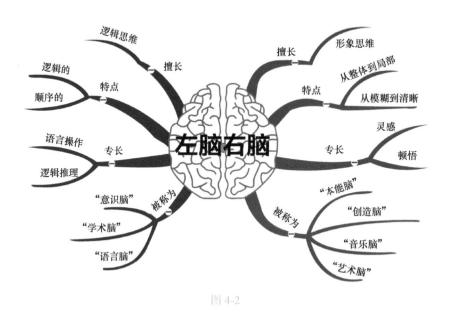

图 4-2

（2）艾宾浩斯记忆法：科学地与遗忘做斗争

信息输入大脑后，遗忘也就随之开始了。遗忘率随时间的流逝而先快后慢，特别是在刚刚识记的短时间里，遗忘最快，这就是著名的艾宾浩斯遗忘曲线，如图 4-3 所示。遵循艾宾浩斯遗忘曲线所揭示的记忆规律，对所学知识及时进行复习，这种记忆方法即为艾宾浩斯记忆法。对所学知识和记忆效果及时进行复习与自测是艾宾浩斯记忆法使用的主要方式。艾宾浩斯记忆法对应艾宾浩斯遗忘曲线：学过的内容一个小时后就会遗忘；在一个小时内回想，就可以记住；最好一天之后再回想；下一次回想可以在三天之后。

（3）费曼学习法：以教促学

费曼学习法的核心是把复杂的知识简单化，以教代学，让输出倒逼输入。它对输出思维极其推崇，认为输出就是最强大的学习力，能不卡壳地复述学习内容，才是"学全"；它对简化思维格外重视，强调找出问题的要害，把复杂的知识简单化，认为把高深的知识用平实的话说出来，才是"学透"。它不只是一种学习方法，更是一种思维方式。它是作者最喜欢的学习法之一。

我们会在 4.3.2 节进一步解释费曼学习法。

（4）西蒙学习法：锥形学习法

"西蒙学习法"是指诺贝尔经济学奖获得者西蒙教授提出的一个理论："对于一个有一

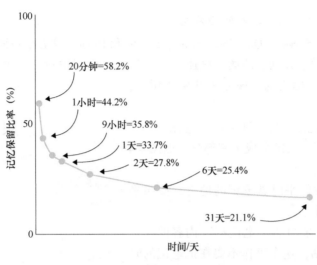

艾宾浩斯遗忘曲线

图 4-3

定基础的人，只要肯下功夫，就可以在 6 个月内掌握任何一门学问。"

西蒙教授立论所依据的实验心理学的研究成果表明：一个人 1 分钟到 1 分半钟可以记忆一个信息，心理学上把这样一个信息称为"块"，估计每一门学问所包含的信息量大约是 5 万块，如果 1 分钟能记忆 1 "块"，那么 5 万块大约需要 834 个小时，以每星期学习 40 小时计算，要掌握一门学问，需要将近 5 个月。为了感谢西蒙的这个研究成果，教育心理学界称这种学习法为西蒙学习法。

为了形象地说明，可把西蒙学习法比作一把锥子。正如居里夫人所说，"知识的专一性像锥尖，精力的集中好比锥子的作用力，时间的连续性好比不停顿地使锥子往前钻进。"西蒙学习法所支配的学习活动，呈现出一种尖锐猛烈、持续不断的态势。

这种"锥形学习法"高效的原因在于，连续的长时间学习本身包涵对之前学习内容的应用，这样就省去了大量的复习时间。如果用烧水来比喻，那么"锥形学习法"是连续的加热，热量散失得少。普通的间断学习是加热一会儿就停止，一段时间后再继续加热，这样许多热量就白白散失了。两相比较，自然是持续"加热"效果显著了。

烧一壶水，如果断断续续地加热，1 万个小时也可能烧不开，而如果连续加热，20 分钟就够用了。

（5）斯科特·扬学习法：完成不可能的任务

斯科特·扬说过一个普遍的现象：学得好的学生总是在试图找寻知识间的关联，而学得慢的学生往往只会死记硬背。斯科特·扬学习法的核心是"整体式学习"，理解、抓重点、联系、应用、实践，建立清晰的结构，模型就像结构的"种子"，犹如一座建筑的地基和框架，是知识的核心。在此基础上，将引申出全部的知识。这一点和思维导图有几分相似之处。

（6）SQ3R 阅读法：5 步提高阅读效率

SQ3R 阅读法是 Survey、Question、Read、Recite 和 Review 这五个单词的第一个字母的简写形式，代表"浏览、发问、阅读、复述、复习"五个学习阶段。这种阅读方法是由美国爱荷华大学的罗宾森提出的。该方法开始使用后，极受推崇。

（7）康奈尔笔记法：好记性不如烂笔头

康奈尔笔记法把一页纸分成了三部分，如图 4-4 所示。

"笔记栏"是我们平时做笔记的地方，按照平时的习惯记录就行了。

"线索栏"是用来归纳"笔记栏"内容的，可写一些提纲挈领的话，这个工作不要在记笔记的时候做，而是在上完课之后马上回顾，然后把要点都写到此栏，这样的话，一方面，马上复习了上课内容，另一方面，理清了头绪。

"总结栏"是用来做总结的，就是用一两句话总结这页记录的内容，这个工作可以延后一段时间来做，可起到促进思考和消化内容的作用。另外，总结性文字应是对笔记内容的极度浓缩和升华。

图 4-4

4.3.2　费曼学习法

（1）什么是费曼学习法

费曼学习法，也称费曼技巧（Feynman Technique）。注意，在相关文献中，费曼学习法和费曼技巧指代同一个概念。没错，费曼是个人名，就是那个讲课很生动的物理学家。他是诺贝尔物理学奖得主。

其实，它是一个朴素的方法，我们可能早就知道这个方法。作为学习的方法论，它是一个很实用的方法。其核心就是以教促学（Learning by teaching）。

费曼学习法的特点如下。

- 以结果检验为导向+带有目的地学+逻辑。
- "现学现卖，消化最快"：将刚学的知识教给别人，自己会很快"消化"。
- 即时反馈：学习时可以达到即时反馈。这也是游戏引人入胜的原因之一。
- 简洁：简洁不是真相的表现形式，而是真相本身。

事实证明，我们欺骗自己的方法之一是我们使用了复杂的词汇和行话，这掩盖了我们缺乏理解的问题。

莫蒂默·阿德勒曾说："那些声称清楚自己所想，却不能清晰表达的人，其实通常不知道自己所想。"

（2）费曼学习法的步骤

1）选定要学习的概念。

2）假装正在将它教给六年级的学生。

六年级的学生只是一个泛指，他们的词汇量和认知足以理解基本概念以及基本概念之间的关系。

如果在解释过程中出现"卡壳"，即无法用简单的语言叙述或者发现自己的理解其实不够透彻，那么去学习原材料或者其他材料（这称为 review（复习），即再次学习），直到没有任何"卡壳"点为止。

3）条理化、简化。

将所学内容整理，转化成自己的话进行表达，使之更有条理。最好是能将那些技术"卡壳点"总结为可以说出来的口头材料，大声朗读，反复与同事或技术社区中的伙伴交流。如果叙述时仍会令他人困惑，那么说明需要花费更多时间来对这项技术进行研究，直到你能够通俗易懂地描述这个问题，而且在面对别人的提问时，能逻辑清晰地做出回答为止。

或者说，讲述时尽量不用术语。

4）找真人来"教"。

这一步是可选的。如果真的想检验自己是否真正理解了，那么去找个真人来"教"（最好是对这门学科了解甚少的人，或者找个真正的十二岁的孩子）。对你掌握知识程度的最终考验是如何将知识传达给他人。

当你与某人交谈时，如果他开始使用你不理解的单词或关系进行描述，那么请他把你当成 12 岁的孩子来进行解释。这样不仅可以加强自己的学习，还可以加强他人的学习。

费曼学习法的核心是把复杂的知识简单化，以教促学，让输出倒逼输入。

4.3.3 寻找学习途径

（1）迁移学习

我们从小到大接受的可能都是应试教育，而当你离开了当初的教育环境，成为一个名副其实的程序员，你还在不断要求自己学习吗？

针对学习，不同的人的认知能力是有差距的，而不同的学科也会呈现不同的特点。就像技术更新迭代一样，人的学习过程也是一个迭代的过程，用已知的知识去认识未知世界，当二者之间有关联时，就会很快被理解并接受，否则就表现出不理解和不接受的特性。

所以，关联是人类认识的本质，要刻意去强化这个过程，因为关联产生得越多、越直接，能理解和接受的认知越多。例如，你本来就会 Java 编程语言，如果再去学习 Python 编程语言，那么不需要再从"HelloWorld"语句写起，而应该去了解 Python 和 Java 在句法等上的不同点。然后在熟知语法的必要条件下，可以直接开始写代码了，遇到不懂的地方，再去查查说明文档，很快就可以掌握 Python 编码。很多程序员从 Java 开发入手，因为 Java 技术栈的市场需求量很大，但随着大数据技术的蓬勃发展，很多人快速转型到 Python。采用类似的学习方式，短时间内就可以熟练使用某种编程语言了。这种方式的优点是学习快，缺点是不容易学到第二种编程语言的精华，比如从 Java 过渡到 Python，在采用上述方法学习后，写出的 Python 代码往往是 Java 风格，而不是 Pythonic 风格。

因此，学会迁移学习，让知识关联，将学得更快。这种关联，不仅体现在代码与代码之间，还体现在代码和生活中的场景之间，这样更有助于理解业务知识。

（2）简化知识

学会简化知识，让繁杂变得简洁，大脑将更容易理解和接受。简化让我们对学习的知识的印象更深刻，人的认知也是一样的，复杂的东西是不利于大脑记忆和处理的，我们认知的第一感觉更倾向于简洁的东西。所谓"一图胜千言"，大概说的就是这个道理。

《代码整洁之道》的作者提出了一个观点：代码质量与其整洁度成正比，干净的代码，既在质量上可靠，又为后期维护、升级奠定了良好基础。

假设我们在模拟下五子棋，如果所有代码都面向过程开发，那么整个下棋流程为：开始游戏→黑子先走→绘制画面→判断输赢→轮到白子→绘制画面→判断输赢→轮到黑子→……→输出最后结果，需要把每个步骤都一一实现；如果采用面向对象的开发过程，那么整个下棋流程为：首先定义黑白双方，双方的行为是一模一样的；然后定义棋盘系统，由它负责绘制画面；最后定义规则系统，由它负责判定犯规、输赢等。

对于采用上述两种方式开发的代码，如果让大家选择，我相信绝大多数人更愿意选择以面向对象方式开发的代码，因为它更简洁，大脑更容易接受。

学会知识分层，将知识系统化和层次化，存储在大脑的合适位置。这样在对知识进行使用时，大脑更容易搜索到。这类似搜索引擎，或者需要模糊匹配或精准匹配的过程。

我们的大脑存储知识，它就类似于工作中常用的数据库。

对于数据库，越简单的数据结构，越容易存储和处理；而对于复杂的数据结构，不仅需要分库及分表存储，还需要创建 NoSQL 等来存储。

当遇到大量知识和信息时，永远先分层，先抓重点。

（3）学习途径

学会搜索知识和代码。在遇到困难或者代码报错时，解决问题的快速办法就是先赶快定位你的问题，并通过搜索引擎查找关键词，查看是不是已经有人遇到过该问题，并且在博客或者论坛上有解决办法，CSDN 博客、稀土掘金技术社区、极客学院、菜鸟教程、W3School、知乎等都是程序员学习的好去处。还要学会在 GitHub 上搜索代码。要本着"避免重复造轮子"的原则，学会站在巨人的肩膀上看世界，GitHub 上丰富的开源软件和代码具有很高的价值，要学会利用。

学会利用培训机构的课程大纲。一提到培训机构的速成课程，一些人觉得不靠谱，其实这是一种偏见。如果程序员要学习一个系统的知识，那么作者有一个小技巧，就是去市面上找几个比较好的培训机构，然后到它们的官网上找到你想学习的知识的课程大纲，对照课程大纲，通过不断利用搜索引擎来把知识点各个击破，你也就掌握了要学习的知识。

想要系统、全面地学习知识，一定要静下心来看书。随着移动互联网和知识付费模式的快速发展，碎片化学习成为越来越多的人工作之余的选择，比如，在微信公众号、得到、知识星球等平台上阅读。尽管是碎片化学习，但很多文章或者观点都会尽力把知识表达完整和清楚。尽管碎片化学习效率高，能够快速达成目标，但是一些人会断章取义，或者缺少系统与深层次的归纳性思考和总结。而阅读一本书就不一样了，在阅读的过程中，可根据上下文和章节内容之间的联系，不断总结和思考，虽然这样的学习方式较慢，但是一定比碎片化学习更加系统、全面。

拒绝懒人模式，即拒绝只看不练。

（4）从模仿做起

俗话说，眼过千遍不如手过一遍，对于学习编程，这非常有用。在学习编程的新手阶段，大多数人都有这样一个感觉，看视频或者资料时，感觉自己都掌握了，等到亲自动手写的时候，却迟迟无从下手。原因何在？那就是因为缺少练习，甚至只看不练。新手先从模仿做起，跟着教程亲自敲写一遍代码，这样对知识点的掌握更透彻，然后在这个基础上，才能根据自己的思路去修改别人的代码或写出自己的代码。

（5）坚持写博客

每天面对各种各样的事情，而我们大脑的记忆存储处理是有限制的，不可能把全部的东西一点不漏地记忆下来。所以说，没有永久的记忆，只有不忘的博客。不妨抽空把自己曾遇到过的问题和好的原创内容编辑在博客里，这样既帮助自己总结和记忆，又利于别人搜索学习，利人利己，何乐而不为呢？好的原创内容要积水成流，说不定哪天，一个编辑就会敲开你的创作之门，于是，一本经典作品就会流传于世，为后来者的学习提供更好的资料。

（6）融入"圈子"

想要深入学习，必须找到"圈子"。无论是工作还是学习，任何时候，你都要明白，你不是一个人在"战斗"。对于技术学习，当你完成入门并想继续深入的时候，如果还是一个人在孤军奋战，那么后面遇到的阻力可能更大，你可能会因此放弃。

> 建议：首先找到兴趣点，接着把该技术涉及的环境搭建好，然后找到该领域的"圈子"，最后不断投入时间和精力，获得更大的输出。

4.3.4 获取学习资源

在这个学习的黄金时代，互联网有我们需要的各种各样的资源，可以说，只有你想不到的，没有你搜不到的。这里就给大家介绍几种获取优质学习资源的办法。

（1）如何获取学习经验

1）引擎搜索：百度、谷歌、必应等。

在这些搜索引擎中，使用搜索指令，可以更快、更准地搜索出你想要的答案。

① 限定文件类型指令：filetype。

用法："关键词　filetype：文件类型"。

作用：搜索出的条目只包含输入文件类型对应的内容，如 DOC、PPT、PDF 等。

② 限定时间指令。

用法："关键词　开始时间 .. 结束时间"。

作用：把你需要搜索的内容限定在一个时间段内。

③ 使用减号。

用法："关键词 -推广-推广链接"。

作用：屏蔽掉你不需要的广告和推广链接。

④ 将关键词限定在标题中。

用法："关键词　intitle：需要限定的关键词"。

作用：搜出的内容仅包含你所限定的关键词的网页。

指令搜索注意事项：搜索指令中的 "："和 ".." 只有在英文输入法下输入才有效。

2）知乎搜索。

知乎是一个很好用的问答平台，汇聚了几乎所有学习领域的行家里手，用户可以很容易地找到高质量的学习资源。

3）论坛搜索。

论坛和知乎有相同的作用，都可以发帖子讨论，分享知识和经验。

在我们找到了学习目标和对要学习的知识有了一定的认识后，就要获取自学时要看的资料了。怎么知道自己要看什么书呢？

（2）如何获取学习书籍

如何获取书单？

- 在看经验分享时，可以获取别人提供的书单。
- 高校图书馆推荐书单。
- 看一些课程的简介，推断出相应的书单。
- 在京东、当当、亚马逊、豆瓣等网站中输入关键字查找图书并筛选。

对于书本中难以理解的知识，我们可以通过视频资源加深了解，而且这种方式简单、直接。

（3）如何获取视频课程

① 课程网站。常用的课程网站有可汗学院、网易公开课、中国大学 MOOC、大学生自学网等，这些网站中包含了国内外顶尖大学的精品课程，大多以视频的形式呈现。

② 软件官网也是学习的好去处。借助官网中的"帮助文档"，上手软件的基本功能，学习编程语言的语法知识等。

自学不能仅靠书本、学习网站等资源，不能忽略"人"这个资源。

（4）如何选择学习对象

① 老师。

老师能在你自学过程提供指点和问题解答，为你指明学习方向，帮助你度过瓶颈期，大大提高了学习效率。

② 学习小组。

组队学习能让你听到别人对该知识的不同见解。另外，每个小组成员可以相互监督和检查，也可以分摊学习任务，从而高质量、高效率地完成学习任务。

③ 学习社群。

有相同学习目标的人聚集在一起学习，就会有更多的优质资源进行分享，更多的人参与讨论。QQ 社群、微博、知乎、领英，以及电子邮件、讲座、读书会、研讨会等都是很好的社群学习形式，可以在其中找到志同道合的学习伙伴。

4.4 程序员的日常生活

很多人都以为程序员一天到晚的工作就是写代码。其实不是的。写代码只是其中的一部分工作，很多时候，他们会花时间在如下方面。

（1）读别人的代码

通常，我们进入公司以后，不会从头开始一个项目，而是在已有代码的基础上进行维护或新功能的开发，所以必须"读代码"。可以"泛读"，了解系统架构、功能模块，对系统有一个大致的认识，能找到各个功能相应的代码；还可以"精读"，通常就是指调试了，一般是在修复 bug 的时候使用。此外，还包括审核：规范一点的公司都会进行 code review（代码评审），也就是"精读"，但不用 debug（排错）。对于一个成熟的项目，读代码——而不是写代码——可能是最耗时间的工作之一了。

（2）写注释、文档

为了减少"读代码"的时间，不得不花时间写注释、文档，很多人不太喜欢这个工作，甚至出现了"烂代码才需要注释"这样的声音。但无论如何，文档还是要写的。（注意：要能区分注释和文档。）

（3）了解需求

在动手开始写代码之前，必须花时间了解需求。和自己写个小程序玩玩不同，在公司中，你是为客户写代码，所以一定要了解客户究竟想实现什么功能。通常，这并没有你想象的那么简单，需要反复沟通。如果不愿意在这上面"浪费"时间，那么通常的下场是不断地写代码，然后不断地改代码。

4.4.1 工位必备好物推荐

作为许多人的第二个"家"，他们在工位的时间甚至比在床上的时间还要长。工位在一定程度上代表了个人的职业形象、工作态度、价值观和品位，对个人的职业发展、职场"人设"，以及办公环境和企业形象都有一定的影响。所以，在工位环境的打造上，我们不求最好，但求不差。

下面推荐一些工位必备好物。

- 人体工程学鼠标。
- 升降办公桌。
- 颈部按摩仪。

- 护腰坐垫。
- 人体工程学键盘。
- 耳机。
- "小黄鸭"玩具。

4.4.2　空闲时间管理

时间管理专家 Laura Vanderkam 在一场名为《如何高效管理你的空闲时间》的 TED 演讲中讲道："生活在掌握之中，才能够做出更好的选择，望向更远的未来。"

我们如何对待自己的时间？大多数人的回答是，我太忙了，我没有时间做这个，没有时间做那个。

我们有没有办法节省时间？不看电视。没错，这是个办法，每周至少多出好几个小时的时间。

但这就是最好的方法吗？是想办法节省更多的时间，还是用有限的时间去打造你想要的生活？

Laura Vanderkam 给出的建议是，做重要的事情。

（1）评估重要的事情

对你而言，什么样的事情是重要的？

对于工作，我们每个人都要做年终总结，不仅总结一年来所做的工作，最重要的是，总结取得的成绩。

如果还能列出明年的计划和目标，那么下一年的工作必然有的放矢。接下来，就可以将整体计划分解为阶段性任务，按照计划步骤执行即可。

（2）168 小时原则

带着"做重要的事情"这个目标，可以具体到每一周都列出一个计划。Laura Vanderkam 建议，可以利用每周五下午的时间，思考下周的计划事项，并分出优先级。

在这一周内，你来决定如何安排、完成计划中的这些任务。现实中，总会有各种理由和借口，让我们自认为自己很忙，没有时间。

我们到底拥有多少时间？来计算一下吧。

每周 7 天，每天 24 小时，我们每周都有 168 小时。如何对待自己每周拥有的 168 小时？减掉每周工作的 40 小时，睡觉的 56 小时，还有 72 小时是可以自己支配的时间。

但大多数人没有意识到，我们其实可以有效地利用这 72 个小时。真正决定人生高度、职业前途的，也许就是这关键的 72 小时。

其实，时间总是会有的。无论是马不停蹄地忙碌工作，还是无休止地进行加班，你总是会有时间拿出手机来玩一玩，刷刷朋友圈。

这个我知道！鲁迅说过：时间就像海绵里的水，只要你愿意挤，总还是有的。

所以，思考当下，认真对待、有效利用时间，选择做重要的事情，是明智之举。

对于不能有效管理空闲时间的人，很难说会在事业上有一个很大的突破。别忘记你的目标，你的梦想，你奔跑的方向，如此一来，才会拥有你理想中的生活。

第5章

进阶：程序员的可持续发展

　　每个人的经历都是独特的，由于际遇、兴趣、志向的不同，对技术方向的选择就会千差万别。如果作者谈个人的经历和选择，那么对大部分人没有什么参考意义，甚至有误导的嫌疑。不过，我倒是愿意与大家分享自己受挫的经历，或许更有启发意义。

　　在入行不到一年的时候，我对公司的发展前景产生了悲观情绪，老的项目一次次被延期，新的项目还没有着落，整天有混日子的感觉。

　　于是，我尝试通过面试"刺激"一下自己，在了解行业动态的同时，测试自己的编程水平，还能倒逼自己进行下一步的学习。于是，我抱着试试看的态度面试了一家行业知名公司。

　　在第一轮面试时，我做了一套关于基本数据结构、数据库的试题。在此次面试之前，我没有做任何准备，而之前的一年里基本上是在熟悉各种框架和插件的使用，然后用前人留下的 API 编程，很少涉及数据结构，而数据库根本就用不到。面试结果可想而知。

　　这件事情对我触动极大。我反省了自己过去一年做的事，虽然能应付日常的工作，但是，对于很多东西，只是知道怎么用，而不知道背后的原理。也许微软的开发工具过于完善，把本质的东西都隐藏在了它的"面具"下，几乎把我训练成了只会遵守微软规则的"机器"。而作为一个程序员，不了解本质，我的核心价值是什么呢？

　　我开始给自己补课，重新学习编程语言和数据库知识，翻出大学时代使用的数据结构教科书进行复习。那段时间，我认为自己又体会到了编程的快乐，它是一种编程本初的快感。

　　基础知识的补充不仅修炼了我的"内功"，还提升了我的自信。自信让我又一次找到了自身价值所在，在之后换工作的面试过程中，很少尝到败绩。从此，我有了足够的底气去选择自己有志于发展的方向。

　　程序员的可持续发展之路是什么？

　　我认为就是把握本质。

　　很多人说，他们今天学 Java，明天学 .NET，要学什么技术，全看公司有什么项目。项目换了，知识就要更新，这样周而复始，虽然学习得很辛苦，但经验总也得不到累积，一次次归零。这种状况确实令人惋惜。我们应该学会抓住浮华表面下隐藏的不变的东西，它们是可以被积累的，而且愈陈愈香。

有人说："行业知识也是可以累积的。"如果说对底层技术本质的探索需要一定的天赋和素养，或者说不是每个人都有志于成为计算机专家，也不是每个人都有兴趣研究Linux内核，那么更容易选择的"道路"就是对行业知识的累积。开发财务软件的人是否考虑过成为一个财务专家？开发通信软件的人是否理解通信行业的运营模式和盈利模式？开发消费类电子产品的人是否研究过市面上所有的同类产品？现在都在讲复合型人才"吃香"，如果你既有丰富的行业知识，又有对程序设计的深刻理解，那么你就是个"香饽饽"了。

所以，我通常不支持非计算机类专业的学生彻底放弃自己的专业来学习编程，除非他真的对所学专业毫无兴趣。现在，任何行业都可能用软件来提升工作效率，有相关行业专业背景的程序员是比一般程序员更具有优势的，只是他们要摸索如何在实际的工作中发挥这种优势。

想要可持续地发展职业生涯，需要做到的事情当然还有很多，比如终身学习、分清事业和家庭生活的界限、培养乐观的人生态度、提高人际交往能力、注重劳逸结合、保持身体健康等。这么一看，其实程序员的可持续发展之路与别的行业没什么差别。

没错，基本道理都是相通的，它们也是我们在人生中需要认清的本质。

5.1 代码规范

很难给好的代码下一个定义，相信很多人与我一样，不会认为整洁的代码就一定是好代码，但好代码一定是整洁的，整洁是好代码的必要条件。整洁的代码一定是高内聚、低耦合的，也一定是可读性强、易维护的。

"高内聚、低耦合"经常被程序员挂在嘴边，但这个描述过于宽泛，又似乎过于正确了，所以聪明的程序员提出了若干面向对象设计原则来衡量代码的优劣。

- 开闭原则（Open-Close Principle，OCP）。
- 单一职责原则（Single Responsibility Principle，SRP）。
- 依赖倒置原则（Dependence Inversion Principle，DIP）。
- 最少知识原则（Least Knowledge Principle，LKP）/迪米特法则（Law of Demeter）。
- 里氏替换原则（Liskov Substitution Principle，LSP）。
- 接口隔离原则（Interface Segregation Principle，ISP）。
- 组合/聚合复用原则（Composite/Aggregate Reuse Principle，CARP）。

这些原则想必大家都很熟悉了，是我们编写代码时的指导方针。按照这些原则开发的代码具有高内聚、低耦合的特性。换句话说，我们可以用这些原则来衡量代码的优劣。

实际上，这些原则没有优先级，并且并不是在任何场景中都要坚守的。充分理解这些原则，才能在合适的场景下彰显它们的威力。

例如，当子类拥有自己的特性方法时，很可能会违反里氏替换原则。又如，单一职责原则和接口隔离原则有时会冲突，通常会放弃接口隔离原则，而保持单一职责原则。

只有清晰地给出违反原则的理由，才算是真正理解和吃透了，因为对它们的设计初衷进行过深度思考。

5.1.1　优秀的编程原则

优秀的编程原则有很多，需要先对它们有个初步的了解，然后在编程实践中再慢慢体会。

（1）"不要重复自己"（Don't Repeat Yourself，DRY）原则

它是编程的基本原则，由此产生了很多编程的概念（如循环、函数、类等）。一旦开始重复自己，就应该考虑进行抽象了。

（2）抽象原则

抽象原则和 DRY 原则有关，因为程序中的每段核心功能代码应该只在源代码中的一个地方实现。

代码复用可以提高代码可用性并减少开发时间。

（3）代码简洁

代码简洁是一个很重要的目标。简洁的代码耗费的时间更少、bug 更少、更易于修改。

"Avoid Creating a YAGNI（You Aren't Going to Need It）"的意思：如果你还用不到某个功能，就不要去实现它。

（4）用简单的方式解决问题

时常问自己能解决问题（完成需求）的简单方式是什么，有利于设计方案的简洁明了。

（5）不要让阅读代码的人过多思考

代码应该保持简洁、易读，如果读起来感到太过复杂，就应该简化一下。

这个原则通常在接口上被提到，但在代码里也很重要，代码不应该误导阅读者。注释的说明要和代码的实现一致，函数名要体现函数内容，避免迷惑和误导阅读者。

（6）开闭原则

软件功能（类、模块、函数等）应对拓展开放，对修改封闭。换句话说，不要写需要别人修改的类，要写便于别人拓展的类。

（7）单一职责原则

一段代码（类或函数）应只实现一个单一的定义清晰的功能。

（8）低耦合

代码的任何部分（代码块、函数、类等）都应该减少对其他部分代码的依赖，要尽量减少变量共享。低耦合通常是结构优秀的计算机系统和好的设计的标志，配合高内聚，就能实现高可读和易维护的目标。

（9）高内聚

实现一个功能的相关代码都应在同一个模块中实现。

（10）隐藏实现细节

当内部逻辑修改时，隐藏实现细节能够减少对其他使用者的影响。

（11）避免过度优化

代码还在正常工作的时候不必考虑优化，除非运行速度不及预期，并且优化最好在有量化数据对比的前提下进行。Donald Knuth 认为："我们应忽略小的影响，在大约97%的情况下，过度优化是万恶之源。"

（12）拥抱变化

拥抱变化是极限编程和敏捷软件开发的一个宗旨。其他很多原则都是基于期望并拥抱变化的初心，一些传统的软件工程原则（如低耦合）都有利于更简单地修改代码。无论你是不是极限编程爱好者，这个原则对编写代码都很有帮助。

5.1.2 童子军规则

童子军有一条规则："离开露营地的时候，永远让它比你发现之前干净。"如果你发现地上一团糟，无论是谁弄的，都应该把它清理干净。你要有意识地为下一批露营者改善环境。

实际上，童子军之父罗伯特·贝登堡（Robert Baden-Powell）在制定这条规则时的最初想法是"努力让这个世界比你发现时变得更好一点"。

在编写代码时，可遵守类似的规则："永远让模块写入（check-in）时比写出（check-out）时更整洁。"无论最初的编写者是谁，如果我们总能做出一些努力来改进模块，无论改进多么小，那么结果会怎么样呢？

作者认为，如果我们都遵守这个简单规则，就不会看到软件系统由于持续恶化而走向终结。不仅如此，我们的系统会随之变得越来越好。同时，我们会看到团队将系统作为一个整体来"照顾"，而不是每个人"照顾"自己那一小部分。

事实上，在协作编程中，留下混乱的代码这种行为就像在街上乱扔垃圾一样不能被接受。

关心我们自己的代码是一回事，关心团队的代码则完全是另一回事。团队成员应互相帮助，互相清理 bug。团队成员都应该遵守童子军规则，因为这对每个人都有好处。

5.1.3　代码风格指南

每个较大的开源项目都有自己的代码风格指南：关于如何为该项目编写代码的一系列约定（有时候会比较武断）。当所有代码均保持一致的风格时，理解大型代码库更为轻松。

"风格"的含义涵盖范围广，从"变量使用驼峰格式（Camel Case）"到"绝不使用全局变量"，再到"绝不使用异常"，诸如此类。

规则的作用就是避免混乱。但规则本身一定要有权威性，有说服力，并且是理性的。我们所见过的大部分编程规范，其内容或不够严谨，或阐述过于简单，或带有一定的武断性。

我们可以看一下谷歌公司的代码风格指南。

谷歌经常会发布一些开源项目，意味着会接受来自其他代码贡献者的代码。但是，如果代码贡献者的编程风格与谷歌的不一致，就会给代码阅读者和其他代码提交者造成不小的困扰。谷歌因此发布了一份自己的编程风格指南，使所有提交代码的人都能获知谷歌的编程风格。

以下是一些体现谷歌公司代码风格的具体例子。

（1）命名规范

1）变量和函数名采用小写字母和下画线的组合，例如：my_variable。

2）类名采用大驼峰命名法，例如：MyClass。

3）常量名采用大写字母和下画线的组合，例如：MY_CONSTANT。

（2）编码规范

1）使用 4 个空格缩进，而不是制表符。

2）每行代码不超过 80 个字符。

3）代码中避免多余的空格和空行。

4）使用注释来解释代码的目的和逻辑。

（3）错误处理

1）处理错误时，应该提供有用的错误消息。

2）避免使用异常来控制程序流程。

3）使用断言来检查代码的前置条件和后置条件。

（4）代码结构

1）代码应该按照逻辑分组，并按照某种一致的方式组织。

2）文件中的代码应该按照特定的顺序排列，如导入语句、常量定义、函数定义等。

这些例子只是谷歌公司代码风格的一部分，但它们足以让你了解这种规范的基本思想。

在编辑代码时，可花点时间看看项目中的其他代码，并熟悉其风格。如果其他代码中 if 语句使用空格，那么你也要使用。如果其中的注释用星号（*）围成一个矩形，那么你同样要这么做。

代码风格指南的重点在于提供一个通用的编程规范，这样大家可以把精力集中在实现内容而不是表现形式上。我们展示的是一个整体的风格规范，但局部风格也很重要。如果你在一个文件中新加的代码和原有代码风格相去甚远，就破坏了文件本身的整体风格，也会打乱读者阅读代码时的节奏，所以要尽量避免。

5.1.4　代码注释规范

（1）代码自解释

有人可能会争辩："代码就在那里，你看一下就明白了。"如果我们说的是某块代码是干什么用的，那么或许这么说是有道理的。但对于任何超出这个范围的东西，深挖代码可能是在浪费时间，就像在阅读一本没有索引的书，你要从头读起，才可能找到你需要的东西。

而且，这不仅仅是为了了解别人的代码，或者向别人解释你的想法。当你重新查看旧代码或者修复错误时，你的脑子里是不是经常犯嘀咕，或者因为执行 git blame 命令时显示了你的名字而感到惊讶？然而，再往后，它们可能被忘得一干二净，然后你会再次相信一切都应该是自解释的，所有的细节都应该是明确无误的。

无论你怎么努力，软件本身并不会完全自解释。这不是你的错，我也不是想要质疑你的能力，这与人类本身有关，我们低估了软件的复杂性，而且人类的思维具有波动性。注释不是为了指出代码中存在的缺陷，而是为了抵制编程语言本身存在的缺点。即使是非常"干净"的代码，也不可能自己"解释"写代码的人写代码时在想些什么。有可能一切都是完美的，但仍然会出错。注释并不是"干净"代码的替代方法，而是代码的固有组成部分。

自解释的代码是不存在的，反对给代码写注释的人认为："代码应该好到不需要任何多余的解释。"对于好的代码，确实不需要注释来描述变量或函数是干什么用的。确实，有意义的变量名根本不需要注释，但这实际上更像是一种"体面"的编码风格，而不是文档。当这种片面的观点变成反对使用代码注释的普遍理由时，问题就出现了。

问题是，即使变量、方法、类、函数、模块的名称是自解释的，但这些并不能描述出代码的全局面貌，也不一定能说明各部分代码为什么要那么写。当然，清晰的实现往往会让我们产生一种错觉，认为不需要再写注释了。当你花了几个小时甚至几天时间通过编程解决了手头的问题，那些代码在当下可能是完美的，然后你把它们打包、提交。

但是一个月后会怎样？你能记住多少细节？它们还是那么有意义吗？

（2）代码规范

虽然注释有时写起来很痛苦，但对保证代码可读性至关重要。下面的规则描述了如何注释以及在哪里注释。当然，要记住：注释固然很重要，但好的代码应当本身就是文档；有意义的类型名和变量名远胜要用注释解释的含糊不清的名字。

你写的注释是给代码读者看的，也就是下一个需要理解你的代码的人。所以，慷慨些吧，下一个读者可能就是你！

1）注释风格。

注释符可使用“//”或“/＊ ＊/”，“//”更常用。我们需要在如何注释及注释风格上确保统一。

2）文件注释。

文件注释描述了该文件的内容。如果一个文件只声明、实现或测试了一个对象，并且这个对象已经在它的声明处进行了详细的注释，就没必要再加上文件注释。除此之外的其他文件都需要文件注释。

每个文件都应该包含许可证引用。我们需要为项目选择合适的许可证版本（比如Apache License 2.0、BSD、LGPL、GPL）。

如果一个文件声明了多个概念，则文件注释应当对文件的内容做一个大致的说明，同时说明各概念之间的联系。一个一到两行的文件注释就足够了。对于每个概念的详细文档，应当放在各个概念中，而不是文件注释中。

3）类注释。

在使用面向对象语言风格编程时，每个类的定义都要附带一份注释，以便描述类的功能和用法，除非它的功能相当明显。

类注释应当为读者理解如何使用与何时使用类提供足够的信息，同时应当提醒读者在正确使用此类时应当考虑的因素。如果类有任何同步前提，则用文档说明。如果该类的实例可被多处访问，就要特别注意用文档说明多线程环境下相关的规则和常量使用。

如果你想用一小段代码演示这个类的基本用法或通常用法，那么放在类注释里也非常合适。

4）函数注释。

函数声明处的注释描述函数功能，定义处的注释描述函数实现。

每个函数声明处基本上都应当加上注释，以描述函数的功能和用途。只有在函数的功能简单且明显时，才能省略这些注释（例如，简单的取值和设值函数）。注释使用叙述式（如Opens the file）而非指令式（如 Open the file）；注释只是为了描述函数，而不是命令函数做什么。

函数声明处注释的内容如下。

- 说明函数的输入、输出。

- 对于类成员函数，说明函数调用期间对象是否需要保持引用参数，是否会释放这些参数。
- 说明函数是否分配了必须由调用者释放的空间。
- 说明参数是否可以为空指针。
- 说明是否存在函数使用上的性能隐患。
- 如果函数是可重载的，那么说明其同步前提是什么。

5）变量注释。

变量名本身通常足以很好地说明变量用途。但在某些情况下，需要额外的注释说明。

每个类数据成员（也叫实例变量或成员变量）都应该用注释说明其用途。如果有非变量的参数（如特殊值、数据成员之间的关系、生命周期等），不能够只用类型与变量名就明确表达清楚，则应当加上注释。

另外，所有全局变量要用注释说明其含义和用途，以及作为全局变量的原因。

6）实现注释。

对于代码中巧妙的、晦涩难懂的、有趣的、重要的地方，加以注释。

- 巧妙或复杂的代码段前要加注释。

```
// 遍历 result 数组，将每个元素左移 8 位，再与 x 相加
// 将 x 右移 1 位,赋值给 result[i],将 x 与 1 按位与,等价于 x% 2,将结果赋给 x
for (int i = 0; i < result->size(); i++) {
  x = (x << 8) + (* result)[i];
  (* result)[i] = x >> 1;
  x &= 1;
}
```

- 对于晦涩难懂的地方，要在行尾加入注释。在行尾空两格，然后进行注释。

```
if (mmap_budget >= data_size_ && ! MmapData(mmap_chunk_bytes, mlock))
  return;   // 错误记录在日志里
```

- 如果需要连续进行多行注释，那么可以使它们对齐，以获得更好的可读性。

```
DoSomething();                          // 同行注释
DoSomethingElseThatIsLonger();  // 行内注释应该至少和代码之间保留两个空格
```

7）拼写和语法。

注释通常是完整的叙述句。大多数情况下，完整句子的可读性比句子片段更高。短一点的注释，如代码行尾注释，可以随意一些，但依然要注意保持风格的一致性。

8）TODO 注释。

TODO 注释要使用全大写的字符串 TODO，在随后的小括号里写上你的名字、邮件地址、bug ID、TODO 相关的 issue，或其他身份标识。其主要目的是让添加注释的人可根据规范的 TODO 格式进行查找操作。

9）弃用注释。

弃用注释（deprecated comment）可用来标记某接口已被弃用。

可以用包含全大写的"DEPRECATED"的注释标记某接口为弃用状态。此注释可以放在接口声明前，或者其同一行。

在"DEPRECATED"一词后的括号中，留下你的名字、邮箱地址及其他身份标识。

弃用注释应当包含简短而清晰的指引，以帮助其他人修复曾调用过该接口的模块。

> 上面说了这么多，并不代表要处处加注释，当决定要提供注释来解释代码时，要想一想为什么这么做。最好是让代码自文档化，即代码像文档一样通俗易懂。

5.2　代码可读性

关于可读性话题的探讨可谓历史悠久。从古至今，人们一直在探寻如何能够把自身的知识、经验更好地传播下去，它们越简单、易懂，传播速度越快，这也是一种书面表达能力的体现。

《重构》一书中曾说过，优秀的程序员能够写出易于阅读、易于理解的代码。软件的规模越来越大，一个系统通常需要几代程序员来开发、维护。然而，这些程序员往往素未谋面，只能"神交"于代码的字里行间。

相信每个人都"吐槽"过他人代码难以理解、设计太差，然而，一味"吐槽"他人而忽略自身的问题将走入一个误区，也就是忽视自身理解力的提高。因此，在努力提升我们自身代码可读性的同时，也要提升自身的理解力。只有多读他人的代码，吸取他人的经验、教训，才能成长得更快！

写得出好代码，也看得懂"烂"代码（如果代码过于"烂"，则另当别论），才是高手！

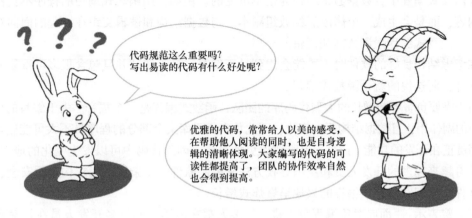

代码规范这么重要吗？
写出易读的代码有什么好处呢？

优雅的代码，常常给人以美的感受，在帮助他人阅读的同时，也是自身逻辑的清晰体现。大家编写的代码的可读性都提高了，团队的协作效率自然也会得到提高。

5.2.1 函数式编程

函数式编程是一种编程范式，它强调函数的纯粹性和不可变性。函数式编程不像传统的命令式编程那样需要修改变量的值来达到某种效果，而是通过将值传递给函数来进行操作并返回新的值。这种方式使得代码更易于理解和阅读。

当然，面向对象编程和命令式编程仍然是现代软件开发的主要范式，而函数式编程语言在生产代码库中相对较少。随着编程语言扩展对函数式编程方法的支持，以及软件开发新框架的迭代，函数式编程正迅速通过各种不同的途径进入越来越多的代码库中。

随着公司的发展，代码 bug 数量会增加。从某种程度上来说，这是必然的结果。功能越多，代码越多；代码越多，bug 就越多。但缺陷率的增长速度往往超出预期。

往往出现这样的情况：看到越来越多相同类型的错误。很明显，某个地方出了问题，但不清楚究竟是什么。这个问题也许是由复杂性引起的。

此时，需要更加有效的编程范式来组织更加庞大、复杂的代码，让代码的可读性提高。这个答案或许是函数式编程。

（1）函数式编程简介

函数是可在程序中重复完成特定任务的一段代码，可以避免重复编写相同功能的代码，是一种编程标准。例如，你可以编写一个根据圆的直径计算周长的函数，或者编写一个根据某人的出生日期计算星座的函数。

函数式编程不仅是编写函数，还是一种强调使用"纯函数"编写程序的范例，即无状态的函数，在输入相同的情况下总能返回相同的结果，而且在返回结果时不会产生副作用。换句话说，纯函数不会更改任何现有数据或修改应用程序的其他逻辑。例如，如果计算圆周的函数修改了一个全局变量，那么它就不是纯函数了。

在函数式编程中，数据通常被视为是不可变的。例如，用函数式编写的程序不会修改数组的内容，而是会生成一个修改后的数组副本。与数据结构和逻辑交织在一起的面向对象编程不同，函数式编程强调数据和逻辑的分离。

在考虑结构良好的软件时，可能会想到易于编写、易于调试并且包含很多可重复使用功能的软件，而这说的就是函数式编程。

对于需要负责不断增长的大型代码库的团队，函数式编程是一个福音。由于编写的代码具有很小的副作用，且数据结构不会变化，因此负责代码库某个部分的程序员不太可能破坏另一个程序员正在开发的功能。此外，追踪错误更加容易，因为代码中可以发生变化的地方很少。

随着越来越多的开发人员和组织寻找方法来控制软件的复杂度，渴求构建更安全、更强大的软件，人们对函数式编程的兴趣呈爆炸式增长。

有人曾表示："面向对象编程很不错，很多人都在使用。但很多开发人员在接触函数式编程后，就会成为其忠实的粉丝。"

（2）函数式编程的兴起

函数式编程的起源可以追溯到 20 世纪 50 年代后期 LISP 编程语言的创建。尽管几十年来，LISP 及其衍生语言一直有一批忠实的追随者，但到了 20 世纪七八十年代，随着面向对象编程的兴起，函数式编程黯然失色。

到了 2010 年，随着代码库规模的日渐壮大，很多团队都面临着代码复杂度太高的问题，于是人们对函数式编程的兴趣再次高涨。

开发者将函数式编程引入 Java 虚拟机，而 F# 将这种范式引入.NET。Twitter 将其大部分代码迁移到了 Scala，而 Facebook 则选用了 Haskell 和 Erlang 等"古老"的函数式语言来解决特定问题。

与此同时，人们对在 JavaScript、Ruby 和 Python 等面向对象语言中应用函数式编程技术的兴趣也在增长。*Elm in Action* 一书的作者 Richard Feldman 表示："所有这些语言都开始支持方便实现函数式风格的功能，几乎每一种语言支持的范式都在增加。"

2014 年，苹果公司推出了 Swift，这是一种新的多范式语言，包括对函数式编程的强力支持。该语言的发布证明，函数式编程支持已成为新编程语言的必备特性。Feldman 在 2019 年的一次题为"为什么函数式编程不是主流"的演讲中说，函数式编程马上就要成为主流了，或者至少是主流的一部分。他还说："有些事情发生了变化，在 20 世纪 90 年代，人们不认为这种风格是积极的，而如今它是积极的想法已经成为一种主流。"

对函数式编程的支持级别和其性质因语言而异，但有一项特定功能已成为标准，那就是高阶函数，即接受或返回另一个函数的函数。开发人员可以通过这种方式创建函数块来优雅地解决问题。

由于对高阶函数的支持，如今开发人员可以将函数式编程引入自己的代码库，而无须重新构建现有应用程序。

在重构项目的时候，很多时候并不想推倒一切后重写，而是想在现有代码的基础之上添加新功能，此时可按照函数式编程范式来编写。

对于一些混合范式，一个更大的问题是，如果代码中包含其他编程风格，就无法获得纯函数的保证。如果正在编写的代码有副作用，就不再是函数式了。

使用严格的函数式编程语言可以降低在代码中意外引入副作用的可能性。

但纯粹与否往往是主观感受。即使使用的编程语言是纯函数式，而且使用不可变的数据结构，但在接受用户输入的那一刻就有可能引入"杂质"。虽然用户输入可能包含"不纯"的元素，但大多数程序都离不开用户输入，所以纯粹是有限度的。Haskell 管理用户输入和其他不可避免的"杂质"的方法是给代码贴上明确的标签，并保证隔离性，但不同的语言所划定的界限有所不同。

（3）拓展函数式思维

尽管如今大多数主流编程语言都可以使用函数式编程，但开发人员不一定会利用这些特性。函数式编程的思维方式与命令式或面向对象编程截然不同。

JavaScript 库 React 是如今开发人员接触这种新思维方式的主要方式。由于 React 接受很多可变性，因此最好是把 React 视为"近似于函数式"，但其生态系统确实支持这种方式，而且还鼓励人们将函数式编程作为常见问题的解决方案。

ClojureScript 的维护者 David Nolen 在他的 ReadME 项目故事中写道："尽管 React 表面看起来是面向对象的，但它率先为 UI 编程提供了函数式方法。"

例如，React Hooks 是一组帮助开发人员管理状态和预防副作用的函数，而 Redux 则大量采用了函数式方法。

虽然 React 不是纯函数式的，但它鼓励人们以函数式编程的方式思考。例如，它为前端开发人员引入了 map 和 reduce 循环。自此，前端开发人员无须再编写任何 for 循环。

函数式编程也许还能通过另一种途径跻身主流之列：采用特定领域的语言。例如，包管理系统的表达式语言 Nix。Nix 是比 Haskell 更纯粹的函数式语言，因为使用这种语言编写的代码更加难以附带副作用或可变性。Nix 的用途单一，至少不适合构建 Web 服务器。它的目的只有一个：构建包。但由于它是为这种特定任务而构建的，因此需要构建工具的开发人员都会使用它，即使他们不会尝试使用函数式编程语言。有人推测，随着时间的推移，通用语言会越来越少，而专用语言会越来越多，其中许多都是函数式语言。

（4）函数式编程的未来

与软件开发领域的其他许多方面一样，函数式编程的未来在很大程度上取决于围绕函数式语言和概念构建的开源社区。例如，纯函数式编程面临的一个障碍是，面向对象编程或命令式编程的库在数量上拥有绝对优势。

为了消除这个障碍，函数式编程社区必须团结起来，创建新的库，帮助开发人员选择函数式编程。许多人已经在努力，例如通过创建新的库，如 language-ext 库和 Redux 库，以及使用现有的库，推广和应用函数式编程。

函数式编程的未来取决于社区成员的共同努力，以便让更多的开发人员使用函数式编程来编写更加易读的代码，构建更好的软件。

正是由于这一批又一批有技术理想的程序员的不断努力，才让我们的编程世界越来越有希望！

5.2.2　封装

在面向对象编程中，封装是一种重要的概念。封装是指将数据和方法包装在一起，以隐藏内部细节并提供简单的外部接口。这种封装可以使代码更加可靠、安全和易于维护。下面是一些实际的代码示例，说明为什么程序员要封装行为。

（1）封装数据

```
class Person:
    def __init__(self, name, age):
        self.name = name
        self.age = age

    def get_name(self):
        return self.name

    def get_age(self):
        return self.age

person = Person("John", 30)
print(person.get_name())        # 输出 John
print(person.get_age())         # 输出 30
```

在上面的示例中，定义了一个 Person 类，并在其中封装了 name 和 age 数据。通过定义 get_name 和 get_age 方法，可以访问这些数据，而不必暴露类的内部实现。这种封装可以防止其他人意外修改或破坏数据，同时提供了一种清晰的访问数据的方式。

（2）封装复杂操作

```
class Calculator:
    def add(self, a, b):
        return a + b

    def subtract(self, a, b):
        return a - b

    def multiply(self, a, b):
        return a * b

    def divide(self, a, b):
        if b == 0:
            raise ValueError("除数不能为 0")
        return a / b

calculator = Calculator()
```

```
print(calculator.add(2, 3))   #输出 5
print(calculator.divide(10, 2))   # 输出 5.0
```

在上面的示例中，定义了一个 Calculator 类，并在其中封装了四种基本的数学运算。这种封装可以将复杂的操作简化为简单的方法调用，同时使代码更加易于维护和测试。

（3）封装行为

"类"似乎是开发人员最难掌握的封装结构之一。如果你的类代码有上千行，那么说明你还没有完全理解面向对象的思想。

假设有三个类：Customer、Order 和 Item。

实现调用：用户进行信用卡消费。

```
customer.validateCredit(item.price())
```

如果该方法的后置条件失败，则会抛出异常并中止购买。

而经验不足的开发人员则会将业务规则包装到一个叫 OrderManager 或 OrderService 的对象中，在里面记录 Order、Customer、Item，再与"if...else..."进行捆绑。

很明显，前者的封装行为更为出色，而后者的封装状态将很难维护。

5.2.3　如何写好注释

在 5.1.4 节介绍过代码注释规范，下面将讨论如何写好注释。

如果掌握了编写可读代码的艺术，就可以少写注释，但永远不能完全不写注释。所以，即使擅长写代码，也需要能够写出好的注释。

注释是好代码的重要组成部分。如果打开一个代码文件后发现其中没有任何注释，那么阅读和理解该代码将非常耗时。缺乏注释与使用大量注释同样糟糕。如果你的代码文件中有 50% 或更多的注释，那么你的代码可能写得不是很好，因此你需要很多注释来解释它。

写好注释不是一件难事，这只是一个需要大量练习的事情。

那么如何写出好的注释呢？下面将介绍 5 个技巧。

（1）保持简短、简洁和中肯

说到写注释，尽量不要过度解释代码的每一步。保持注释简短，类和函数的注释在 3 句话以内，内嵌注释在 1 句话以内。

作为一般规则，为了在编程团队中形成一致的注释风格，在为一个类编写注释（文档字符串）时，应包括一个简短的描述和最后一次修改的日期。但是，当为一个函数编写注释时，它必须包含对函数的用途、参数和结果的描述。

（2）为每个级别保持相同的样式

通常，代码被分为函数、类、模块、库等。每一个都可以被认为是代码的一个级别。因此，当编写注释时，最好为每个级别开发一种特定的样式并在代码中维护它们。

因此，将对所有函数使用相同的具有固定通用格式的注释风格，对函数和内嵌注释也是如此。这将帮助任何阅读代码的人快速浏览并理解其结构，甚至无须深入阅读。

（3）在编写代码之前或过程中写注释，然后优化它们

初学者在刚开始学习编码时犯的最大错误之一是，首先编写代码，然后检查代码并写注释。这种方法的问题在于，编写代码通常需要几天、几周甚至几个月的时间。因此，当接近撰写注释的步骤时，也许已经忘记了当初做出某些决定的原因。

在这种情况下，推荐的办法是在编写代码过程中写注释。一些程序员甚至会说应该在编写代码之前编写注释（它将作为编码指南）。但是，并行编写代码和注释是省时省力的方法。因此，应边写代码边写注释，最后根据需要进行编辑。

（4）说清楚

注释不仅适用于将来会阅读你的代码的人，还适用于未来的你，你将在接下来的开发步骤中对它进行维护和扩展。因此，明确你的注释将有益于其他开发人员和你自己。

（5）保持简单

保持代码简单，这样就不需要在注释中进行大量解释，同时保持注释简单明了，以便其他阅读的人和将来的你更容易理解。

基本的编程原则之一是让代码自己"说话"。尽管这一运动最初是由不喜欢写注释的程序员发起的，但是，他们中的大多数通常不能完全消除注释。不过，可以显著减少它们的数量，但要编写更简单的代码。

想要成为一名成功的数据科学家，需要掌握不同的技能，编程可能位居这些技能列表的首位。成为一名优秀的程序员意味着可以编写清晰易读的代码和简洁明了的注释。二者对生成高质量代码同样重要。然而，大多数人更加专注于开发他们的代码编写技能，而忽视了他们的注释编写技能。

像任何其他技能一样，要想更好地写注释，推荐的方法就是多看多练习。首先，阅读你认为写得很好的注释，并思考喜欢它的原因。通常，简短、清晰、描述性强和不过度使用的注释是非常理想的。

以上介绍了 5 个技巧，这些技巧将使你的注释写作技巧更上一层楼。注释并不意味着向阅读者解释代码；相反，你的代码用于向计算机"解释"注释。

5.2.4　代码分析工具

程序员要善于借助代码分析工具来提高代码的质量。这些工具可以找出代码中的错误和漏洞，并提供改进代码的建议。代码分析工具可以在编码过程中自动执行，也可以在代码完成后进行分析。通过使用这些工具，程序员可以更快地完成开发工作，同时可以降低出错的风险。

代码分析工具有很多种。

- Lint：检查代码中的格式错误和不规范用法，并提供修改建议。

- 静态代码分析工具：在不运行代码的情况下分析代码，查找潜在的问题和错误。
- 动态代码分析工具：在运行代码的情况下分析代码，检测运行时的问题。
- 代码覆盖率工具：检查测试用例覆盖了代码的哪些部分，帮助程序员确定哪些部分需要更多测试。
- 代码可视化工具：通过图形化界面，展示代码的结构和流程，帮助程序员更好地理解代码。

这些工具可以单独使用，也可以结合使用，以满足不同的需求。

此外，程序员还可以尝试自定义代码分析工具，这样可以更好地满足特定项目的需求，提高代码分析效率。通过自定义代码分析工具，程序员可以更好地掌控代码的质量，并为项目的成功作出更大的贡献。

5.2.5 临时解决方案的持久性

在软件开发过程中，程序员面临着许多问题，有些问题可能需要较长时间才能得到彻底的解决方案，而有些问题则需要立即得到解决。在这种情况下，可能会选择临时解决方案，以便快速地继续开展工作。

（1）为何总是创建临时解决方案？

1）时间压力。开发过程中，时间通常是关键因素。为了避免延误交付时间，程序员可能会选择一个临时解决方案来解决问题，而不是花费更多的时间去寻找更好的解决方案。

2）缺乏知识或技能。有时候，程序员可能缺乏必要的知识或技能来解决问题，因此可能会选择一个临时解决方案，而不是等待团队其他成员提供帮助或者学习新技能。

3）压力和沮丧。如果程序员在一个问题上花费了很长时间，而没有找到一个合适的解决方案，可能会变得沮丧或者感受到压力，这时候，可能会选择一个临时解决方案来解决问题，以便能够继续工作。

（2）临时解决方案的优劣势

临时解决方案有以下一些优势。

1）快速解决问题：临时解决方案可以快速地解决问题，这样就可以继续工作。

2）节省时间和成本：花费大量时间和成本来寻找更好的解决方案可能不划算，而临时解决方案可以在短时间内解决问题。

但临时解决方案还有下列一些劣势。

1）安全问题：临时解决方案可能会引入安全漏洞，因为它通常没有经过充分测试。

2）可维护性问题：临时解决方案通常没有被设计为长期解决方案，因此可能难以维护和扩展。

（3）避免多次使用临时解决方案

实际上，为了代码的可读性，必须控制使用临时解决方案的次数。可以采用下列方法去控制。

1）保持冷静：当遇到问题时，应该保持冷静，不要采取仓促的解决方案。

2）寻找更好的解决方案：应该花时间来寻找更好的解决方案，尤其是对于重要的问题。

3）学习新技能：如缺乏必要的知识或技能，应该努力学习，以便能够更好地解决问题。

4）持续测试：程序员应该对临时解决方案进行持续测试，以确保它不会引入新的问题。

下面举一个开发中实际的例子。有一次，作者需要对用户输入的数据进行验证，尝试了几种方法后，都没有得到满意的结果，但时间紧迫，于是决定采取一个简单的临时解决方案，以便能够继续工作。因此，作者在代码中插入了一个硬编码的验证规则语句，这样就可以继续测试其他功能了。然而，这个简单的临时解决方案却存在一些问题。首先，它没有考虑到其他可能的验证规则。其次，它可能会引入安全漏洞。最后，这个临时解决方案难以维护和扩展，因为它没有被设计为长期解决方案。

为了解决这个问题，其实应该使用一个通用的验证规则库，并对其进行自定义配置，并且应该花时间来学习有关数据验证的最佳实践。

将临时解决方案变得持久，最后成为一个稳定的长期解决方案是实现代码可读性的关键点之一。

5.3　源码即设计

我们经常谈论架构，讨论设计，却甚少关注实现和代码本身。架构和设计固然重要，但要说代码本身不重要，其实不然。Robert C. Martin 认为"源码即设计"。

5.3.1　技术负债

在接到需求初期，程序员是没办法对整个需求做完全且正确评估的（作者以为，从产品需求到技术落地是有着天然的鸿沟的）。所以，在多数情况下，我们都会在代码迭代过程中面对之前未预想到的问题。

这种情况下，往往就会面临"快速实现"和"正确实现"的抉择！

"快速实现"具有很强的诱惑性，它可以快速响应产品或客户的要求，但它极有可能造成代码混乱（由于初期设计不足）。

你可能会安慰自己："没事，先实现它，后面有空再来优化吧。"

谁知道这个"有空"是什么时候?! 功能随着一个个版本发布，时间也一天天流逝，你的承诺——"有空优化"最终会演变成为一种技术负债！

当技术负债越来越多，持续时间越来越久，相应的代码将不可避免地走向一条不归路——代码"垃圾堆"！

所以，对于承诺要优化的代码，就得尽快优化！技术负债是会产生"利息"的！

5.3.2 简单即美

柏拉图曾说过：美的风骨、协调、优雅及节奏皆仰仗简单至上（Beauty of style and harmony and grace and good rhythm depends on simplicity）。

什么是"漂亮"的代码？这可能是一个非常主观的问题。学人文艺术的人对美的看法与学科学技术的人不一样。但是"简单"是大多数论点的基础。

代码需要实现下列特性：可读、可维护、可快速开发、保持简单。

下面是一个代码示例，它是一个简单的文本编辑器，可以打开、编辑和保存文本文件。

```
#简单的文本编辑器

filename = input("请输入要打开的文件名:")
try:
    with open(filename, "r") as f:
        content = f.read()
except FileNotFoundError:
    print("文件不存在!")
    content = ""

print("文件内容如下:")
print(content)

command = input("请输入命令(w:写入并保存,q:退出):")
if command == "w":
    new_content = input("请输入新的文件内容:")
    with open(filename, "w") as f:
        f.write(new_content)
    print("文件已保存!")
elif command == "q":
    print("退出编辑器!")
```

这段代码包含了文件读写、异常处理和用户交互等多个方面内容，但是通过清晰的命令行界面和简单的逻辑结构，代码依然保持了简洁、易读的特点。

无论应用程序或系统有多么复杂，但各部分都应保持简单。它们有着集中的方法、单一的职责。

"干净"、简单、可测试的代码可以保证系统随着时间推移也可保持很强的可维护性，从而可以保持较快的开发速度。再次声明：简单即美！

5.3.3　复用思维

复用思维是指在编写程序时，使用现有的代码或库来实现某些功能，而不是重新编写代码。这种思维方式在程序开发中尤为重要。

（1）善于复用

复用可以帮助程序员节省时间和精力，提高代码的质量和可维护性。

例如，当需要实现一个排序算法时，可以使用现有的排序库而不是从头开始编写代码，这样可以避免"重复造轮子"，减少错误和漏洞，并提高代码的可靠性和安全性。

此外，在更新或修改代码时，使用现有的库可以轻松地进行维护和更新，减少工作量，示例代码如下。

```python
#一个使用现有库实现排序的示例
import random
import heapq

#生成一个随机列表
lst = [random.randint(1, 100) for _ in range(10)]
print("Original list:", lst)

#使用 heapq 库进行排序
heapq.heapify(lst)
sorted_lst = [heapq.heappop(lst) for _ in range(len(lst))]
print("Sorted list:", sorted_lst)
```

（2）小心复用

但是，不能一味地去复用，它可能会将你引入"陷阱"之中。

当系统的两个截然不同的部分以相同的方式执行某些逻辑时，你可能会想到设计一个公共库，然后进行复用。复用包括代码复用、组件复用、公共库复用等。

但实际上，这两个部分往往还会变化出不同的业务，这样复用就变成耦合了。依赖项增加，使得系统的"脉络"纠缠在一起。

实战表明：技术的使用应该基于背景，否则产生的将不是价值，而是额外的成本。

无论是用别人的库，还是把库分享给别人，都得小心。

5.3.4　设计模式

在所有编程原则中，"不要重复自己"可能是最基本的原则之一，它是许多知名软件开发最佳实践和设计模式的基础。

（1）重复是浪费的表现

重复会增加系统的复杂性，导致代码库膨胀，以及其他开发人员难以理解这个系统。

"不要重复自己"要求系统中的每一个点都必须有一个单一的、明确的、权威的表示。

（2）重复的过程可以自动化

软件开发中的许多过程都是重复的，可以实现自动化。自动化过程不易出错，并且还能配套构建自动化测试，进行更方便的测试。

如果你正苦于手动进行一些重复的操作，就应该考虑自动化和标准化。

（3）重复的逻辑可以抽象

许多设计模式的重要目标是减少或消除应用程序中的逻辑重复。

如果一个对象在使用之前通常需要发生几件事，就可以通过抽象工厂、工厂模式来完成。如果一个对象的行为有许多可能的变化，则可以使用策略模式，而不是大量使用"if...else..."这些行为结构。

事实上，设计模式的制定就是为了减少解决方案内所需的重复工作。

5.3.5 设计黄金法则

API 设计是非常复杂的，尤其是在大型项目中。在设计它时，就一定要考虑到将来如何修改它。如果正使用 Java 开发，那么可能倾向于将大部分类和方法设为 final。如果正使用 C#开发，则可能会密封类和方法。

无论使用哪种语言，都可能倾向于通过单例或使用静态工厂方法来设计 API，以便可以保护它不被覆盖，以及限制别人的使用。

在过去的一段时间里，大部分开发团队逐渐意识到单元测试是实践中极其重要的一部分，但它并没有完全渗透到整个行业中。

API 设计黄金法则：为自己开发的 API 设计测试是不够的，必须为使用 API 的代码设计单元测试。

这样做，可以更加清楚地知道他人调用 API 时所面临的障碍，然后倒逼 API 的设计。

5.3.6 高内聚、低耦合

耦合性与内聚性是模块独立性的两个定性度量标准。在将软件系统划分为模块时，每个模块只完成系统要求的独立子功能，并且与其他模块的联系最少且接口简单，可提高模块的独立性，为设计高质量的软件结构奠定基础。

- 内聚性：又称块内联系，一个模块内各个元素彼此结合的紧密程度。
- 耦合性：也叫块间联系，是指软件结构内不同模块之间互连程度的一种度量。

模块之间联系越紧密，其耦合性就越强，模块的独立性则越差。模块间耦合的高低取决于模块间接口的复杂性、调用的方式以及传递的信息。

（1）对低耦合的浅理解

低耦合是指，让每个模块尽可能地独立完成某个特定的子功能，模块之间的接口尽量少而简单。

如果某两个模块间的关系比较复杂，那么最好进行进一步的模块划分，这样有利于修改和组合。

（2）对高内聚的浅理解

一个模块内各元素之间（语句之间、程序段之间）的联系越紧密，它的内聚性就越高。高内聚是指充分利用每一个元素的功能，各施所能，以最终实现某个模块的功能。

如果某个元素与该模块的联系比较疏松，则可能该模块的结构还不够完善，或者该元素是多余的。

（3）分类

1）耦合性分类（程度从低至高）。

- 数据耦合：两个模块之间有调用关系，传递的是简单的数据值，相当于高级编程语言的值传递。
- 标记耦合：两个模块之间传递的是数据结构，如高级编程语言中的数组名、记录名、文件名等这些名字即标记，其实传递的是这个数据结构的地址。
- 控制耦合：在一个模块调用另一个模块时，传递的是控制变量（如开关、标志等），被调用模块通过该控制变量的值有选择地执行块内某一功能。
- 公共耦合：通过一个公共数据环境相互作用的那些模块间的耦合。公共耦合的复杂程序随耦合模块个数的增加而增加。
- 内容耦合：这是最高程度的耦合，也是最差的耦合。它是指一个模块直接使用另一个模块的内部数据，或通过非正常入口而转入另一个模块内部。

2）内聚性分类（程度从低至高）。

- 偶然内聚：一个模块内的各处理元素之间没有任何联系。
- 逻辑内聚：模块内执行几个逻辑上相似的功能，通过参数确定该模块完成哪一个功能。
- 时间内聚：把需要同时执行的动作组合在一起形成的模块称为时间内聚模块。
- 通信内聚：模块内所有处理元素都在同一个数据结构上操作（有时称之为信息内聚），或者各处理元素使用相同的输入数据或者产生相同的输出数据。
- 顺序内聚：一个模块中各个处理元素都密切相关于同一功能且必须顺序执行，前一功能元素的输出就是下一功能元素的输入。
- 功能内聚：这是最强的内聚，是指模块内所有元素共同完成一个功能，缺一不可，与其他模块的耦合是最弱的。

（4）如何做到高内聚、低耦合

内聚和耦合，包含了横向和纵向的关系。功能内聚和数据耦合是我们需要达成的目标。横向的内聚和耦合，通常体现在系统的各个模块、类之间的关系中，而纵向的耦合，体现在系统的各个层次之间的关系中。

对于我在编码中的困惑，我是这样想的，用面向对象的思想去考虑一个类的封装。对于一个方法，如何封装它，拿到现实生活中来看，是看这种能力（方法）是否属于这类事物（类）的本能。

如果是，就封装在这个类里。如果不是，则考虑封装在其他类里。

如果很多事物都具有这种能力，则一定要封装在这类事物的总类里。

如果这种能力在很多事物中都会经常用到，则可以封装成一个总类的静态方法。

某些模块必然要关联起来才能工作，这是由业务逻辑决定的，不能否认。所以解耦并不是字面意义上的把关联"拆掉"，而是把模块之间的关联放松到必要的程度。一些建议：

- 模块只对外暴露最小限度的接口，形成最低的依赖关系；
- 只要对外接口不变，模块内部的修改就不得影响其他模块；
- 删除一个模块后应当只影响有依赖关系的其他模块，而不应该影响其他无关部分。

软件工程中的一条铁律——"高内聚、低耦合"就是这个道理：必要的耦合不可否认，没有耦合，程序就做不成事；但是不必要的紧耦合就会让程序"牵一发而动全身"，最终让程序员的编写和维护都无从下手。

人在同一时间只能专注于一小部分的内容。"高内聚、低耦合"就是为了满足人类的这个特点——在小尺度上，只专注一个模块，局部的编码工作才能够进行；在大尺度上，把具体代码转化为一些抽象的"模块"和"依赖关系"，才能够抓大放小，把握住程序的"脉络"，拼合出一个完整的产品。

举个容易理解的例子：一个程序中有 50 个函数，这个程序执行得非常好；然而，一旦修改其中一个函数，其他 49 个函数就都需要做修改，这就是高耦合的后果。

一旦你理解了"高内聚，低耦合"，你在概要设计中设计类或者模块的时候自然会考虑到它。

程序就像人类创造的"第二世界"，程序的逻辑无非是世界运行规律的抽象（面向对象比面向过程更加切合现实世界）。跳出程序看程序，就会发现不一样的观点和角度。

5.3.7 谨慎对待设计的隐形

机制透明、信息隐藏是软件设计的一个原则。

谷歌的主页非常简洁，但是要检索一个信息时，它背后发生的事情是非常复杂的。

有可能 10% 展现给了用户，另外的 90% 被隐藏了。这样做有一个好处，项目有更多空间去操作，因为用户都看不到；还有一个坏处，用户可能认为你没有任何进步，或者说缺乏明显的更新。

隐形可能是危险的！而显性的表示可以使人们相信进步是真实的而不是幻觉，是有意的而不是无意的，是可重复的而不是偶然的。

所以，作为程序员，需要提高开发进度或缺乏进度的可见性，可以完整地表明现实。可以借助一些自动化工具，比如使用编码规范工具，如 Checkstyle、PMD 等，自动检测代码的命名规范、代码风格等问题；使用日志记录工具，如 Log4j、SLF4j 等，记录程序运行过程中的异常和错误信息；使用安全性检测工具，如 FindBugs、SonarQube 等，检测系统中存在的安全漏洞。

5.4　代码评审

没有人能保证自己的代码是完美的，但借助工具可以保证自己的代码是正确的。在日常写完代码之后，代码评审就是一个非常好的习惯。

代码评审的目的在于找到开发时被忽视的 bug，以此提高代码质量，帮助开发者更加熟悉项目。为什么说代码评审是优秀程序员写代码时应有的好习惯呢？这主要是因为它强大的功能。代码评审是熟悉软件架构，以及了解软件业务逻辑的好方法。

代码评审是编程工作中不可缺失的一部分，而实践它有很多方式。

代码评审通常分为两大类：正式的代码评审（formal code review）和轻量级的代码评审（light weight code review）。根据项目和团队架构的不同，每一种代码评审类型都有它特有的优缺点。

5.4.1　代码评审策略

代码评审是软件开发中常用的审查手段，和 QA 测试相比，它更容易发现架构以及时序相关等较难发现的问题，还可以帮助团队成员统一编程风格、提高编程技能等。代码评审被认为是一个提高代码质量的有效手段。目前，很多开发团队虽然进行了代码评审，但是可能没有有效、合理地进行代码评审，以致没有很好地达到代码评审的目的。下面总结了关于代码评审的一些建议。

（1）代码评审不要太过正式

有很多研究表明，太正式的代码评审会议会延误开发进度和增加开发成本；尽管可能只需要几周的时间进行代码评审，但是只有极少的缺陷是在会议期间发现的，其余所有的缺陷是靠代码审查者自己发现和处理的。只有采用简短、轻量的代码评审，才能有效地发现问题。在代码检查中，这样的代码评审更适合迭代、增量开发，为开发者提供更快的反馈。

（2）代码评审人员要尽可能少

并不是代码评审人员越多就能发现越多 bug。只有部署合理数量的评审人员，才能够更加有效地审查代码。相关研究表明，平均来说，第一个代码评审人员能够发现总体 bug 的一半，第二个代码评审人员会发现剩余 bug 的一半，多个人发现问题的数量同两个人没有太大差异，故两个人进行代码评审是比较合适的。另外，更多代码评审人员往往意味着多人在寻找同样的问题，使得评审人员积极性、主动性不高，更加不利于代码评审工作的有效进行。

（3）需要有经验的开发者进行代码评审

相关研究充分表明，代码评审的有效性依赖于评审人员的技能以及对问题领域和代码的熟悉程度。如果让新加入团队的成员进行代码评审，那么并不利于他们的成长，且对代码评审来说也是一种非常糟糕的方式。只有擅长阅读代码、程序调试，且非常熟悉语言、框架、对应问题的人，才适合代码评审工作，才能够高效发现问题，提供更多有价值的反馈。新的、没有经验的开发者只适合检查代码的变化、使用静态分析工具，以及和另一位评审人员共同进行代码评审。

（4）实质重于方式

完全按照编码规格标准进行的代码评审是一个浪费开发人员宝贵时间的方式。代码评审的实质是确认代码能够正确运行，发现安全漏洞、功能错误、代码错误、设计失误、恶意代码，并进行安全验证和防范等。不可单单按照编码规范完全保证代码格式一致，而丢失了代码评审的实质。

（5）合理安排 bug 和可读性、可维护性问题代码的评审时间分配

发现自己代码中的 bug 是很难的，在别人的代码找到的 bug 更难。相关研究表明，代码评审人员找到的 bug 和可维护性、可读性问题的比例大约是 3∶7，故消耗在代码可读性、可维护性等问题和 bug 上的代码评审时间应该合理分配。

（6）尽量使用静态代码分析工具以提高评审效率

工欲善其事，必先利其器。静态代码分析工具可以帮助程序开发人员自动执行静态代码分析，快速定位代码隐藏错误和缺陷；帮助代码设计人员更专注于分析和解决代码设计缺陷；显著减少在代码逐行检查上花费的时间，提高了软件可靠性并节省了软件开发和测试成本。

（7）利用"二八"定律处理高风险代码

评审所有的代码并没有太大的意义，应该把评审的重点放在高风险的代码和容易引起高

风险的修改或者重构的代码上。旧而复杂、处理敏感数据、处理重要业务逻辑和流程、大规模重构以及刚加入团队的开发者实现的代码都是评审的重点。

（8）从代码评审中尽量获得最大的收益

虽然代码评审是发现 bug、提高开发人员的代码编写质量的重要方式，但是它也增加了代码开发成本。如果没有合理、有效地进行代码评审，则将有可能影响项目进度和破坏团队文化。因此，要紧抓代码评审的实质性问题，尽早和经常性地进行非正式的代码评审；选择精且少的团队人员并运用"二八"定律评审高风险的代码；合理分配 bug 和可读性、可维护性问题的代码评审时间，才可以从代码评审中获得最大的收益。

5.4.2　代码评审通用工具

代码评审不但可以提高代码库的质量，而且能够避免开发人员将程序中的错误和问题传递给其他团队成员。不过，手动执行代码评审既费时又费力。这就是许多开发团队会使用自动化工具来完成此项工作的原因。

通过自动化流程，此类代码评审工具可以提高代码的质量，节省宝贵的开发时间，并且让开发人员更专注于构建应用，而不必反复检查代码。此外，作为静态分析和单元测试框架，自动化代码评审工具不但能够满足业务所需的速度和敏捷性，而且可以提供更快的反馈、更好的代码质量，以及更少的产品转化时间。

通过长时间的迭代，目前的自动化代码评审工具不但高效、准确，而且可以实现自定义。下面我将和你一起探讨五种优秀的自动化代码评审工具，并且通过对比每一种工具的优缺点，方便你在实际项目中做出适合自己的选择。

（1）CodeBeat

CodeBeat 是一种流行的代码评审工具，它可以提供自动化的代码审查与反馈。在 1～4 级的通用等级代码评审标准中，它属于第 4 级工具。CodeBeat 支持 Python、Ruby、Java、JavaScript、Go，以及 Swift 等多种语言。

通过提供团队管理工具，CodeBeat 可以轻松地分析代码，并在团队中出现开发人员调整时，保持代码的一致性。由于能够与 GitHub、GitLab、Bitbucket、Slack 和 HipChat 等许多流行工具相集成，因此开发人员和软件团队都可以在项目中协同使用 CodeBeat。

1）CodeBeat 的优势如下。
- 提供带有项目审查的集成式仪表板。可对发现的问题按照其复杂性、重复性，以及代码层面分类。
- 提供对目标项目中电子邮件地址的更新，并能持续检查代码，拉取请求的代码质量。
- 提供即时反馈，并能以"快赢"（quick wins）的方式来提高代码库的质量。
- 所需的设置很少，并易于集成与使用。

2）CodeBeat 的缺点如下。

- 缺乏安全性分析。
- 缺乏对开源工具和 linter 工具的支持。

总的来说，CodeBeat 不但完全免费，而且能够为大型团队提供企业级支持，以识别那些复杂且可能重复的代码。

（2）DeepSource

DeepSource 可以针对各种流行的通用编程语言，提供自动化的代码分析。目前，它能够支持 Python、JavaScript、Go、Ruby、Java 等语言。凭借单文件配置，DeepSource 能够让针对每一次提交和拉取请求的持续分析变得更加容易。

DeepSource 可以检查各种性能问题、类型问题、样式问题、文档问题、缺陷风险，以及各种反模式。通过明确定义待实现的目标，它可以让开发人员和维护人员管理其代码库，并简化代码的审查过程。

1）DeepSource 的优势如下。
- 单文件配置，可用于自动化代码分析。
- 可与 Travis CI 和 CircleCI 等持续集成"管道"相整合。
- 支持 Black、RuboCop 和 gofmt 等代码格式化程序。
- 提供横跨代码库的常见问题自动化修复。
- 提供针对每个问题和拉取式请求的分析。

2）DeepSource 的缺点如下。
- 缺乏对 PHP、C++和 Rust 的支持。
- 缺乏对 AzureDevOps 的支持。

总的来说，DeepSource 不但完全免费，而且能够为大型团队提供企业级支持。其分析器不但可以工作在文件级和存储库级上，并且能够实现比其他分析器和代码查看工具更低的误报率。

（3）Code Climate

Code Climate 旨在通过提供从提交到部署（commit-to-deploy）的可见性，以提高团队的工作效率。其工程智能化（Engineering Intelligence）可以在"速度"上简化持续交付，并在"质量"上为每一个提交和提取式请求提供自动化的代码评审。

Code Climate 可以根据各种参数（包括代码重复率、代码风格等），提供 A~F 的可维护性评分等级，并能够方便用户根据测试覆盖率或技术债的变化来确定瓶颈与发展趋势。

1）Code Climate 的优势如下。
- 能够借助自动化的 Git 更新来简化安装。
- 在代码库中识别出各个"热点"，以标记需要重构的部分。
- 通过提供安全仪表板，识别应用程序中的漏洞。
- 提供可在本地用于自动化代码评审的 API。

- 通过邮件和 RSS 反馈，提供警报和实例的通知。
- 能与 VisualStudio Code 和 Atom 等集成开发环境（IDE）相整合。
- 通过名为 "cc-test-reporter" 的软件库，测试覆盖率。

2）Code Climate 的缺点如下。

- 缺乏对问题的描述、搜索，以及过滤。
- 缺乏可定制能力，且售价较高。

由于它无法提供用于识别核心复杂性（例如文件长度和复杂度）的规则，因此其误报率比较高。

（4）Codacy

Codacy 是个人开发者和软件开发团队最常用的自动化代码评审工具之一。它能够支持包括 Python、Java、JavaScript、C/C++、Ruby、Go 在内的各种通用编程语言。Codacy 可以对代码的复杂性、易错（error-prone）点、安全性、代码样式、兼容性、文档和性能等问题进行审查。

1）Codacy 的优势如下。

- 通过最小化安装，实现自动化的代码检查。
- 能够与 GitHub、GitLab、GitHub Actions、CircleCI 等服务相集成。
- 通过协助定义项目的特定目标，提供实现目标的建议。
- 可分析拉取请求，以及单独的提交。
- 通过滤除各种 "噪点" 和重复性问题，专注于新出现的问题。
- 提供了直观且易用的用户界面，可协助开发人员轻松管理其代码。
- 允许开发人员保存完整的代码变动记录，以及对代码的纯净度进行审查。

2）Codacy 的缺点如下。

- 缺乏对问题的搜索能力（个别过滤器除外）。
- 缺乏对导出代码模式提供支持。

（5）Veracode

Veracode 可被用于代码评审、自动化测试，以及提高代码库的效率。它支持包括 Python、Java、JavaScript、Go 在内的多种通用编程语言。Veracode 能够提供两种代码检查工具：静态分析工具和软件组成分析工具。其中，静态分析工具可以方便开发人员找到各种错误和反模式，并在代码投入生产环境之前进行修复；而软件组成分析工具则可以在代码库中，使用第三方程序包来识别漏洞。

1）Veracode 的优势如下。

- 易于配置和快速上手。
- 提供二进制扫描，以减少对代码的误报。
- 可指出代码中的真实漏洞，并提出解决方案。

- 提供可自定义的仪表板，并带有直观、友好的用户界面。

2）Veracode 的缺点如下。

- 缺乏可定制的分析规则。
- 用户使用体验欠佳。

总的来说，由 Veracode 提供的代码分析平台可方便开发人员查看、分析和修复代码中的安全漏洞。同时，通过与 SDLC 的集成，Veracode 还可以协助开发人员验证目标代码是否符合 OWASP Top 10，以及其他实践标准。

5.4.3 代码评审的项目实践

下面将探讨如何实施一个成功的代码评审项目。

（1）明确评审标准

在开始评审项目之前，团队需要制定一套明确的评审标准。这些标准应该涵盖代码的可读性、可维护性、安全性和性能等方面。标准应该被写成文档，并与团队共享。

标准应该囊括的重点方面：

1）对代码质量和可维护性进行评审，包括代码结构、代码注释、变量命名、代码复杂度等方面；

2）对代码性能进行评审，包括时间复杂度、空间复杂度等方面；

3）对代码安全进行评审，包括注入攻击、跨站脚本攻击等方面；

4）对代码设计进行评审，包括模块划分、接口设计、类设计等方面；

5）对测试用例进行评审，包括测试用例是否全面覆盖代码、是否具有正确性和可靠性等方面。

（2）制定评审计划

制定一份详细的评审计划是成功实施代码评审项目的关键。这个计划应该包括评审的时间表、评审的目标、评审的过程以及参与者的职责。这个计划应该被写成文档，并且团队成员应该在开始评审项目之前进行培训，以确保他们了解评审的目标和过程。

（3）选择评审工具

合适的评审工具可以帮助团队更有效地进行代码评审。这些工具可以是代码审查工具、代码质量分析工具、版本控制系统等。

以下是常见的用于代码评审的工具。

1）代码评审工具：这是一种用于检查源代码的工具，可以查找代码中的错误和漏洞，例如 Checkmarx、SonarQube 等。

2）版本控制系统：包括 Git、Subversion 等，它们可以用于管理代码，并且有助于评审团队协作、讨论和记录评审意见。

3）项目协作工具：例如 Slack、Microsoft Teams 等，这些协作工具可以用于评审团队的实时沟通和协作，以及记录评审过程中的观点和意见。

4）代码分析工具：例如 Pylint、ESLint 等，这些工具可以检查代码中的语法错误、潜在缺陷等。

5）IDE：例如 Visual Studio、Eclipse 等，这些集成开发环境可以提供一些代码评审工具，如代码分析工具、自动化测试工具等。

（4）执行评审

执行评审是代码评审项目的核心。在执行评审时，团队应该按照制定好的评审计划进行评审。评审应该由两个或多个团队成员进行，以确保评审的质量和准确性。团队成员应该记录评审的结果，并将其记录在文档中。

（5）跟踪评审结果

团队应该跟踪评审结果，以确保开发人员正确地处理了评审意见。如果评审意见需要更改代码，则开发人员应该在代码中记录这些更改，并将其提交到版本控制系统中。如果评审结果需要进一步讨论或解释，则团队应该重新审查代码并进行必要的更改。

接下来，提供一个具体的 Python 代码评审案例，相关代码如下。

```python
def find_matches(strings, substr):
    matches = []
    for string in strings:
        if substr in string:
            matches.append(string)
    return matches


if __name__ == '__main__':
    strings = ['apple', 'banana', 'orange', 'pear', 'watermelon', 'kiwi', 'strawberry', 'pine-apple']
    substr = 'app'
    matches = find_matches(strings, substr)
    print(matches)
```

这个程序遍历给定的字符串列表，并检查每个字符串是否包含给定的子字符串。如果是，则将该字符串添加到 matches 列表中。最后程序返回包含所有匹配项的 matches 列表。

这段程序的问题是：在遍历字符串列表时，它必须检查每个字符串是否包含给定的子字符串，这可能需要很长的时间，尤其是在列表很长的情况下。

因此，这个程序的性能可能会变得很差。

评审前，初定评审流程包括以下步骤。

1）代码风格评审：检查代码是否符合 PEP 8 代码风格规范，如代码缩进、命名规则、代码行长度等。

2）可读性评审：检查代码是否易于理解和阅读，是否存在注释来解释代码意图、变量名称等。

3）可维护性评审：检查代码是否易于维护，例如是否存在重复代码、是否使用了通用函数等。

4）性能评审：检查代码的性能是否达到预期，例如是否使用了最优算法、是否存在瓶颈等。

5）安全评审：检查代码是否存在安全漏洞，例如 SQL 注入、XSS 等。

接着，对这个具体的程序做以下评审。

1）代码风格评审：该程序符合 PEP 8 规范，没有问题。

2）可读性评审：程序的逻辑清晰，变量名和函数名很明确，但是可能需要一些注释来解释函数内部的计算过程。

3）可维护性评审：程序使用了通用函数，代码清晰简洁，易于维护。

4）性能评审：该程序的性能可能会受到影响，因为它必须遍历整个字符串列表来查找匹配项。如果列表很大，那么查找可能会变得很慢。因此，需要优化算法以提高性能。

5）安全评审：该程序不涉及用户输入和数据库查询等安全问题，不存在安全漏洞。

通过完整的评审后，发现需要优化这个程序，以提高它的性能。一种改进的方法是使用列表推导式，而不是使用循环来查找匹配项。

5.4.4 代码评审分享

团队成员有时会发出下面这样的抱怨："这个项目的代码评审根本就是浪费时间""我没有时间做代码评审""我的项目发布延期了，都是因为我的同事还没有做任何代码评审"等，不管怎样，这些抱怨的起因都是没有对代码评审工作引起高度重视。

（1）为什么要做代码评审？

首先，代码评审并不是一项非常快速的工作。根据相关经验，评审代码花费的时间应该是开发代码时间的 1/4。例如，如果一个开发人员花费两天的时间来实现一个小项目，那么评审者需要花费大约 4 个小时来评审它。

这不仅意味着评审者需要懂得该代码所采用语言的语法，还必须了解该代码是如何适应更大的应用环境、组件或库的。好的评审通常需要花费一些时间来检查触发某个给定函数的不同代码路径，还要确保第三方 API 能够正确使用（考虑到任何边缘情况）等。

除了寻找所评审代码中的瑕疵或其他问题之外，还应该确保该部分代码包含所有必要的测试，并且合适的设计文档已经写完。即使是擅长写测试用例和文档的开发人员也并不总能记得在代码改动之后及时更新它们。

重视代码评审，与同事分享代码，让第二双眼睛来找到某些设计的瑕疵，以及解决问题的更好的方法。

（2）防止过量的代码评审工作

如果团队强制要求进行频繁的代码评审，那么是有风险的，因为代码评审工作可能一直积压，最终到达无法管理的地步。

开发者每天都应该竭尽全力地清空评审积压工作。其中一个方法是，每天上班的第一件事就是解决评审工作。在开始自己的开发工作之前先做完所有的优秀评审工作。有些人更喜欢在午休之前或之后或在一天结束后做评审工作。无论你什么时候做这些事情，通过将代码评审作为正规的日常工作而不是作为一种分散注意力的工作，你可以避免没有时间处理你的评审积压工作。

（3）写易于评审的代码

将工作切割为一个个可管理单元是非常重要的。推荐使用 Scrum 管理方法，用单元化的思想来组织工作，保持仅与某个正在研发的单元模块进行相关的评审，这个过程会更轻松。

如果提交代码里包含了第三方代码，那些需要单独提交。比如，在 jQuery 的数千行代码中插入其他代码，这样会加大评审难度。

另外，写好注释也是辅助评审的关键，关于注释，前文已提过多次。

（4）递增式代码重构

有时有必要重构影响较大的某个代码库，在这种情况下，进行一次标准的代码评审工作可能是不切实际的，最好的解决方法是递增式重构代码。

在合理的范围内找到能达到目的的某个改动点。一旦改好并评审通过，就进行下一个改动，直到整个重构工作完成为止。

这个方法可能并不是每次都行得通，但是有想法和计划，在重构时能避免出现巨大的补丁，重构的质量也会更好。

（5）解决争议问题

在对某个确定的编码问题持有不同的观点时，基本上都会产生争议。作为一名开发人员，需要保持开放的心态。如果双方都不愿意妥协，那么邀请一个双方都值得信赖的第三方，让他发表一些看法或提供一些建议。

5.5　代码单元测试

在计算机编程中，单元测试（Unit Testing）是一种针对程序模块的正确性检验方法。

单元测试通常由软件开发人员编写，用于确保他们所写的代码符合软件需求和开发目标。它可以帮助程序员在编写代码时及时发现并解决问题，从而提高程序的质量和稳定性。

在进行单元测试时，程序员会对程序模块进行分离并进行独立测试，以保证每个模块都能够独立地工作和正确地完成其任务。为了隔离模块，经常使用 Stub、Mock 或 Fake 等测试"替身"（Test Double）程序。测试用例独立于其他用例，每个测试用例都应该是较为理想的，以便能够较为全面地覆盖程序的所有功能和边界情况。

在编写程序的过程中，程序员会进行多次单元测试来确保程序达到软件规格书要求的工作目标。单元测试应该是程序开发过程中不可或缺的一部分。

接下来将深入探讨代码的单元测试。

通过运行单元测试，可以验证每个单元的输入和输出是否符合预期，并发现代码中的错误和问题。

5.5.1　单元测试的意义

单元测试具有明确的设计说明和可识别的程序组成部分。它集中于程序的基本组成部分，以保证每个单元通过测试为前提，进而组装单元成为更大的部件并测试其正确性。因此，单元测试的效果会直接影响软件的后期测试，最终在很大程度上影响产品的质量。

单元测试具有多种意义，例如它可以平行开展，从而提高测试效率。由于单元规模较小、复杂性较低，因此发现错误后容易隔离和定位，有利于调试工作。

因为结合单元的规模和复杂性特点，单元测试中可以使用包括白盒测试的覆盖分析在内的许多测试技术，所以能够进行比较充分、细致的测试，这是整个程序测试满足语句覆盖和分支覆盖要求的基础。

单元测试带来的测试效果是显而易见的，不仅后期的系统集成联调或集成测试和系统测试会很顺利，节省很多时间，而且在测试过程中能发现一些深层次的问题，同时还会发现一些在集成测试和系统测试中很难发现的问题。

事实上，单元测试不仅是一种验证行为，还是一种设计行为和编写文档的行为。编写单元测试将使编码人员从调用者的角度思考如何编写代码，从而使程序易于调用和可测试，降低软件中的耦合度，从而将程序的缺陷降低到最小。自动化单元测试有助于进行回归测试。

5.5.2　单元测试怎么做

在进行单元测试时，测试人员需要了解模块的输入和输出条件，掌握模块的逻辑结构，对任何合理和不合理的输入都要能够鉴别和响应。同时，需要对程序的局部和全局的数据结构、外部接口和程序代码的关键部分进行桌面检查与代码评审。

单元测试主要在以下 5 个方面对被测模块进行检查。

1）模块接口测试：测试所有被测模块的数据流是否正常。如果数据不能正常地输入及输出，那么其他功能测试都将存在隐患。

2）局部数据结构测试：模块的局部数据结构是最常见的错误来源之一，应设计测试用例来检查各种错误。

3）路径测试：检查由计算错误、判定错误、控制流错误导致的程序错误。需要根据白盒测试和黑盒测试的测试用例设计方法来设计测试用例，对模块中重要的执行路径进行测试。

4）错误处理测试：测试错误处理路径和进行错误处理的路径，检查错误描述是否难以理解、显示的错误与实际的错误是否相符等。

5）边界测试：测试普通合法数据、普通非法数据、边界内最接近边界的（合法）数据、边界外最接近边界的（非法）数据是否得到正确处理。

此外，如果对模块性能有要求的话，那么还要专门进行关键路径测试，以确定最坏情况和平均意义下影响运行时间的因素。

接下来提供一个具体的 Python 类的单元测试示例：

```python
import unittest

class TestMyClass(unittest.TestCase):
    def setUp(self):
        self.myclass = MyClass()
    def test_add(self):
        self.assertEqual(self.myclass.add(2, 3), 5)
        self.assertEqual(self.myclass.add(-1, 3), 2)
    def test_subtract(self):
        self.assertEqual(self.myclass.subtract(2, 3), -1)
        self.assertEqual(self.myclass.subtract(-1, 3), -4)


if __name__ == '__main__':
    unittest.main()
```

在这个例子中，MyClass 是一个包含两个方法 add 和 subtract 的类。setUp 方法用于创建一个 MyClass 类的实例，确保每个测试方法都有一个新的实例。test_add 和 test_subtract 是具体的测试方法，用于测试 add 和 subtract 方法的行为是否符合预期。

在运行测试时，会先自动执行 setUp 方法，然后依次执行每个测试方法，并输出测试结果。如果有任何一个测试方法的结果不符合预期，则测试框架会抛出异常，提示开发者有哪些测试用例失败了。

5.5.3　单元测试要点

单元测试的一些要点是需要着重关注的，比如，为了使单元测试能充分细致地展开，应在单元测试过程中遵守下列要求。

1）语句覆盖率达到99%。

覆盖率是软件测试中的一个关键指标，它指的是测试用例对被测单元中可执行语句的覆盖程度。语句覆盖率是最基本的覆盖要求，也是最低要求，如果只满足了语句覆盖率要求，就好比用一段从没执行过的程序去控制一架大型飞行器，这是轻率、不负责任的表现。

然而，在实际测试中，并不能保证每条语句都能被执行到。首先，有可能存在"死码"，即由于程序设计本身的错误导致的，在任何情况下都不可能执行到的代码。

虽然有些代码不是"死码"，但由于测试输入或测试条件过于苛刻，或单元测试被限制在某些条件下，可能使得这些代码没有得到运行。所以，当某些可执行语句未得到执行时，需要对程序进行深入分析。

在测试过程中，需要不断优化测试用例设计，尽可能地提高覆盖率。

2）分支覆盖率达到100%。

分支覆盖测试的思想是将分支语句的真值和假值分别测试一次，在不同流向上测试以验证分支产生的所有输出，这样可以提高测试的充分性。

3）覆盖错误处理路径。

覆盖错误处理路径涵盖了软件的各种特性，包括功能、性能、属性、设计约束、状态数目、分支的行数等。通过试用额定数据、奇异数据，以及边界值的计算进行检验。

另外，还需要探讨一下测试时机和单元测试的定位问题。

具体来讲，测试时机分为以下两种。

1）在具体实现代码之前进行测试，这就是所谓的测试驱动开发。通过测试驱动开发，可以更好地规划代码的实现，减少后期修改代码的成本。

2）与具体实现代码同步进行测试，这是大部分人采用的方式。这种方式可以及时发现代码中存在的问题，避免问题在后期被发现时造成更大的影响。

从长期来看，单元测试可以提高代码质量、减少维护成本、降低重构难度，拥有众多好处；但是从短期来看，肯定会增加工作量，也就是说，需要投入更多的人力成本。

敏捷开发的宗旨是"以人为本"，而不是从开发人员身上"榨出更多的油水"。单元测试是为了解放开发人员，而不是压迫，是为了从长远的角度减少开发人员的工作量。

不过，那些为了单元测试而进行单元测试的做法是不可取的。如果只是想把单元测试作为一个"面子工程"，那么这种行为应当立即停止。

单元测试是一把双刃剑，
只有用得好，它才能发光发热，
产生强大的正能量。请不要把它
当作龙泉宝剑一样挂在自家"镇宅辟邪"。

第6章

升职：程序员的职业发展

当我们成为开发人员时，程序员这个称呼就与我们深深地联系在一起了。程序员在其职业生涯中会经历不同的角色，也许会在一种角色中一直耕耘，也可能会从一种角色逐步转向另一种角色。

程序员最初的职责可能只是管理一个模块，负责某个模块的编码工作，实现相应的功能即可。

随着对各个模块的不断熟悉和技术的不断提高，逐渐具备了管理技术链路的能力，将开始进行架构设计、编写链路的核心代码，与上下游和开发团队一起交付复杂功能。此时，已经发生了从普通程序员到资深程序员的转变。

如果热衷于技术，不善于对人的管理，那么可以在技术这条路上继续深入，实践更复杂的架构，编写更优雅的代码，接触更前沿的技术。

如果对管理感兴趣，不想让自己的职业生涯局限在编程这一件事上，想要探索更多的可能，那么可以有意识地向技术管理的方向对齐。在日常的研发工作中，需要多实践，以及积极体现自己的管理能力和领导能力。这样，在时机到来时，就能够介入团队的管理工作中，也就慢慢转变成了技术经理的角色。技术经理需要管理团队，规划技术团队的建设，管理产品研发的流程，同时要建立良好的团队培养和激励体系。

专注于技术或者从技术岗位走向管理岗位是大多数程序员的选择，但还有一些程序员在工作中经常与产品经理和项目经理打交道，逐渐具备了一些产品和项目管理的思维与能力，也可能会在未来扮演产品经理或项目经理的角色。

如果从一开始就更加喜欢产品或项目管理，那么要尽早地培养自己在产品和项目管理方面的思维与能力，逐渐转型成为产品经理或项目经理。

如果在技术、管理和产品方面的能力都很出众，并且所负责的业务的规模不断扩大，那么很有可能成为高层管理者的角色，此时需要确定公司的战略方向，决策重大事项。

如果有商业眼光，可以敏锐地发现某个领域的商机，并且有创业的打算和能力，那么很有可能成为创业者的角色。

技术专家和技术经理是大多数程序员的职业发展方向，产品经理和项目经理是部分程序员的转型方向，高层管理者和创业者是少数程序员向往的目标。

6.1 程序员也要懂产品

程序员应该具有产品意识，而且要敢于质疑产品设计，原因如下。

（1）优秀的产品经理是非常少的

优秀的产品经理具备严密的思维能力，能够在产品尚未开发出来之前，在大脑里进行全面推敲；具备良好的沟通能力，能够将关于产品的设想和规划准确地传达给相关各方；并且具备一定的数据分析能力，以便能够客观地对待用户的反馈。如果产品经理再有技术背景，那就更棒了。

不幸的是，目前这样的产品经理少之又少。一些产品经理习惯"拍脑袋"做决定，还有一些产品经理只是按照老板的个人要求来做事，对产品本身并不是很关心。更让人糟心的是，有些产品经理就是"功能经理"，他们只关心产品能够实现什么功能，而对用户体验并不在意。

如果程序员没有产品意识，而又不幸与这些产品经理共同研发产品，那么往往会走入误区。

（2）产品经理是不可能面面俱到的

产品是一步步实现的，涉及多个方面和层面。虽然产品经理也参与其中，但很难做到事无巨细、处处负责。另外，用户对产品的体验是全方位的，有许多细节是产品经理无法察觉的，但用户却非常在意。如果程序员能在这些方面多花一些工夫，往往能够起到锦上添花的作用。

（3）开发工作其实是更广义的"产品"研发的一部分

好的产品需要好的开发人员，但仅有好的开发人员并不能保证做出好的产品。开发人员需要理解产品，才能做出好的产品。

如果程序员想开发出一款用户满意的产品，就需要培养自己的产品意识，不仅仅是简单地实现产品功能，更要思考相关问题。与其期待遇到靠谱的产品经理，不如自己先成为一个有产品意识、超越单纯实现思维的开发者。只有这样，才能创造出真正优秀的产品。

6.1.1　参与产品建设

在实际的代码开发中，程序员可以通过以下方式应用产品思维，参与产品建设。

（1）编写用户故事

在代码开发过程中，程序员可以通过编写用户故事，更好地了解用户需求，并从用户角度思考问题。用户故事通常采用如下格式：As a（user），I want（goal），so that（reason）。其中，"As a"表示用户的身份，"I want"表示用户的需求，"so that"表示用户使用产品的目的和动机。

（2）参与需求讨论

程序员可以参与需求讨论，以便了解产品的整体需求和方向，并提出自己的建议和意见。例如，当参与开发一个电商网站的搜索功能时，可以参与需求讨论，了解用户需要搜索哪些信息，以及搜索的频率和方式。作为程序员，可以提出建议，如加入自动补全、搜索历史记录等功能，以提高搜索体验水平。在讨论商业价值时，可以考虑将搜索结果与广告结合起来，以提高网站的收益。

（3）进行测试和优化

在代码开发过程中，程序员需要积极参与产品的测试和优化工作。通过测试和优化，程序员可以更好地了解产品的缺陷和不足之处，并提出相应的解决方案。比如，在开发购物网站的购物车功能时，为确保购物车的功能正常，可以测试购物车的添加、删除、修改商品数量等功能，并提出相应的优化建议，如加入购物车动画、同步购物车数据等来提升用户体验。

具有产品思维的程序员不仅关注代码实现，还关注产品的设计和建设。通过参与需求讨论，了解产品的整体需求和方向，提出自己从技术角度出发的建议和意见，在设计过程、测试过程、建设过程中贡献力量。

6.1.2　观察用户

作为程序员，可能平常和用户打交道较少，更需要花时间来关注用户，观察用户，因为程序员就是为用户提供优质的产品而进行编码。

以下是一些推荐的观察用户的方法，其中有一些重点需要关注。

1）用户调研：通过问卷调查、用户访谈等方式了解用户需求和反馈。

2）用户测试：通过观察用户在使用软件时的行为和反应，了解他们的需求和痛点。

3）数据分析：通过收集和分析用户数据，可以了解用户的使用习惯、偏好和需求。可以借助分析工具来收集和分析数据。

4）观察用户环境：了解用户使用软件的场景和需求。如果用户需要在公共场所使用应用程序，则需要考虑隐私和安全问题。

5）用户反馈：程序员需要主动寻求用户反馈，并及时响应与解决用户的问题和需求。

在以上方法中，数据分析尤为关键，它是程序员最常用的分析用户的手段之一。具体来讲，可以通过以下流程来实施标准化数据分析工作。

1）确定数据来源：首先确定从哪里收集数据，这可能包括应用程序、网站、数据库等。

2）收集数据：使用相关的工具和技术来收集数据，这可能包括使用日志文件、数据库查询、API 调用等。

3）清理和处理数据：在收集数据后，要清理和处理数据，以确保数据准确无误并且可以进行分析，这可能包括删除重复数据、填充缺失值、转换数据格式等。

4）分析数据：借助相关的数据分析工具和技术来分析数据，包括使用统计方法、可视化工具等。

5）解释和传达结果：最后需要将分析结果进行解释和传达，包括编写报告、制作演示文稿等。

根据数据分析对用户进行画像，然后观察用户，得到反馈，为后续产品研发提供指导，这也是程序员的技术优势的体现，因此，程序员必须对数据保持敏感。

好的设计应该超越用户期望，激发潜在需求。

6.1.3 人人都是产品经理

在如今的数字时代，用户体验和用户需求变得愈发重要，所以"人人都是产品经理"的理念也变得尤为重要。事实上，一些程序员会在经历几年编程工作后转岗至产品经理，其实，产品经理的思维方式和方法论也可以很好地提高个人的职业素质。

接下来深入了解产品经理这个角色。

（1）专业性

每个岗位都有其专业性。即使沟通、协调能力不够强，只要专业能力够强，也会受到同事和客户的尊重。

对于产品经理来说，一个完整的产品需求文档（Product Requirement Document，PRD）是不可或缺的，无论需求大小，都代表了产品经理的严谨性以及对需求的深刻理解。

虽然需求文档可以有个人风格，但它必须足够严谨并且能让项目成员都看懂。大多数程序员更喜欢看"动态"的原型图。其实，检验思路最好的方法之一是画原型图。

程序员应该学会基础的原型图设计软件，比如 Axure，可以从技术维度完善产品原型，使其更具立体性。

同样，用户界面（User Interface，UI）审美能力也是非常重要的能力，特别是对于设计视图层的前端程序员来说，如果只关注代码逻辑，在审美上有所缺失，那么可能让最终产品在展示方面不尽如人意。

产品研发体现的是综合能力，具有专业性特点，想要吃透并没有那么容易。

（2）熟知开发流程

程序员需要了解产品经理的工作职责，这样才能可以更好地与其协作。首先，产品经理需要了解项目流程，并且需要了解各个岗位的职责，包括系统开发人员、应用开发人员、前端开发人员、客户端开发人员、数据分析人员、系统运维人员和应用运维人员。

作为程序员，需要知道体系的所有岗位的职责，并且最好与产品经理同步确认，以免导致责任划分不清、各自找到的负责人不准确等问题。

产品经理和程序员都应该给予测试人员这个群体足够的关注。测试对于产品的重要性不容忽视。即使公司内有专门的测试岗位，产品经理和开发人员也需要参与冒烟测试，以保证产品的质量符合预期。而对于非功能需求的把握，需要关注性能、扩展性、可用性等技术指标。

另外，产品经理需要了解 JIRA 跟踪机制，及时获取用户的反馈，和程序员一起分析并解决问题。

（3）产品经理和程序员的关系

产品经理是一个经常和程序员"掐架"的角色。

作为程序员，如何协调好与产品经理的关系？

首先要保持开放和积极沟通的态度，这是建立良好关系的关键。及早识别、提出问题并寻求解决，以确保双方都理解项目的需求和目标；定期与产品经理进行会议，审查项目进展、讨论需求和优先级，并解决任何潜在的问题；通过与产品经理一起探讨需求，可以提出技术上的问题、建议和实现方案，从而避免后期需求变更和冲突。

还可以通过敏捷开发方法，更好地管理需求变更和优先级。这些方法通常包括周期性的冲刺计划会议，确保团队了解和同意下一阶段的工作。从经验上来看，需求变更是一件麻烦的事，频繁需求变更也是引起冲突的常见原因，因此一定要做好协同确认工作。

同时，作为程序员，还应理解业务需求：努力理解产品经理和业务团队的业务需求与目标；尊重彼此的专业知识和角色，避免批评或责备，而是专注于解决问题；更好地将技术解决方案与业务需求对接，并提供有价值的建议。

有时，产品经理可能不了解技术的复杂性。在这种情况下，程序员可以使用清晰的、非技术性的语言来解释技术挑战和限制，以帮助产品经理更好地理解相关内容。

6.2 程序员素养提升

本节将帮助程序员培养一种专业素养，以便对工作上的一些事进行深度思考，使程序员在编写代码时不仅能够追求卓越，还能够确保自己的工作具有可持续性。

6.2.1 优先自我检查

作为一名程序员，每天都面临着各种各样的挑战，如编写新的代码、修复错误、优化性能、团队协作等。在快节奏的工作环境中，"优先自我检查"不仅是一项工作中的任务，更是一种工作方式，对工作效率和代码质量的提升至关重要。

（1）检查代码是否"干净"

程序员的主要任务是编写高质量的代码。高质量的代码不仅是能够正常工作的代码，还应该具备可读性和可维护性。在一个快速发展的项目中，如果代码不容易理解和维护，那么将会浪费大量的时间在错误修复和功能增加上。因此，需要确保代码是"干净"的、有逻辑的，而且易于理解。

（2）检查代码错误

在编码工作中，错误是不可避免的。无论是编写新代码还是修改现有代码，都可能会引入错误。错误的代价有可能是相当大的。如果一个错误没有被及时发现和纠正，那么它可能会导致整个应用程序崩溃，造成数据丢失，甚至泄露用户隐私和损害用户安全。自我检查是防止这些错误进入主要代码库的重要措施。

（3）自我检查会增强自信心

自我检查还有助于增强程序员的自信心。如果知道自己的代码经过了仔细的审查和测试，就会更有信心地提交和分享代码。

另外需要强调的是，程序员在开发工作中遇到问题，第一时间永远要想到的是通过自己的深度思考和深度调研能力优先解决问题，而不是寻求同事帮助。只有在充分自我思考、自我检查、自我总结后才去"麻烦"同事，这样可以切实提升自己，在工作上独当一面。

6.2.2 开发并非人越多越好

在《人月神话》中有这么一句话："向进度落后的项目中增加人手，只会使进度更加落后。"

该书作者布鲁克斯提到了一个常见的谬论：很多人在评估项目工作量和进度安排时，使用的是"人月"这个单位。虽然项目成本确实随着开发人员数量和时间的不同而有很大的变化，但实际进度并不是这样统计的。使用"人月"作为衡量工作规模的单位是具有欺骗性的。这种想法暗示了人员数量和时间之间是可以相互替换的。但是，在我们的软件编程和系统编程中，这是不可能的。

在某些情况下，人手的添加可能会对进度产生帮助。例如，当任务可以分解给参与人员，并且他们之间不需要相互交流时。但对于那些由于次序上的限制而不能分解的任务，增加人手对进度没有任何帮助。

对于可以分解，但子任务之间需要相互沟通和交流的任务，必须在计划工作中考虑沟通的工作量。如果子任务可以分解，但每个子任务之间需要相互沟通，那么随着人数的增加，沟通的时间成本也会增加。因此，在相同前提下，采用增加人手来缩短时间，也比未调整前要差一些。增加人数可能会导致项目延期，开发进度缓慢。

实际上，沟通所增加的负担由两个部分组成：培训和相互的交流。每个成员需要进行技术、项目目标以及总体策略上的培训。这种培训无法分解，因此这部分增加的工作量随着人员的数量呈线性增长。

软件开发本质上是一项系统工作，是一种错综复杂关系下的实践。沟通和交流的工作量非常大，它很快就会消耗完任务分解时所节省的个人时间。

所以，集中全世界程序员的力量，在三天之内实现一个手机淘宝是不可能的。这些程序员能争吵一个月，特别是，如果集中全世界的精英程序员来开发，那么协调和沟通的难度将是巨大的。

6.2.3　让项目"说话"

作为程序员，要让项目"说话"，这意味着要让项目的状态、问题和进展更加透明和可理解。

可能大多数项目都会有一个版本控制系统，它连接着一个持续集成的服务器，能够自动化测试以验证正确性。持续集成可以帮助你获取很多构建信息。

进一步，如果你想让代码测试覆盖率不低于 20%，那么同样可以把这个任务委托给项目本身，如果它没有完成这个指标，就会报警，输出报告。

其实，意思就是：无论什么环节，你都可以让你的项目有自我发言权。比如，可以通过电子邮件或者即时消息通知开发人员有关应用程序的情况；也可以将反馈设备应用到项目中，即根据自动分析的结果来驱动物理设备，如灯等。每当指标限制被打破，设备就会更改其状态，灯就会亮起来，你就可以听见构建中断的声音，甚至可以设定闻到代码的味道。

如果你在项目经理的办公室中放一台这种设备，展示着整个项目的健康状态，他一定对你感激不尽。让项目"说话"，让沟通更直观、便捷。

6.2.4　从说 yes 开始

一些程序员经常会在工作中说："这个做不了""这个不行""那个没法完成"等。其实，这样的否定句不会给问题的解决带来任何改变，反而是把问题抛给了别人。这里推荐一个"yes，and"策略，即先肯定别人的想法，然后去思考。你甚至可以用这个策略来反驳对方。

在儿童时期，说得较多的一句拒绝的话可能是"不要"。长大以后，我们会慢慢变得"圆滑"，这种拒绝的话会出现一些变种，比如"是的……但是……"，看似接受，但依然是拒绝。越拒绝，就越容易变成一座"孤岛"。没有外界最新的信息，没有新鲜的创意融入大脑，人可能会变得越来越顽固。

于是，就有了"yes，and"策略。这是一种全新的工作态度，也是放下自我、接纳一切的态度。拥抱新的信息和一段新的关系，尝试一切可能的协作方式。

当你先说yes，再用and表述的时候，一切皆有了可能。

《直觉泵和其他思考工具》一书里提到过一个反驳一个观点的法则，即先站在对方的立场上，完全认可对方的观点，然后用自己的语言完整地，甚至更加"完美"地复述对方的观点，等对方觉得你懂他的时候，再给出建设性的意见和补充。而对于这个意见和补充，你可以选择观点的反面，即观点的漏洞，以达到反驳的目的。这其实也是"yes，and"策略，"同意"在"拒绝"之前。

"yes，and"策略能让你变得更加开放和包容。

1）先将对观点的态度从 no 转变为 yes，再开始工作。

2）当别人表达了一个你认为荒谬的观点时，先别急着说 no，可以先问一下 why（原因）？

3）yes 代表着合作的态度。

6.2.5　了解技术的背后

作为程序员，需要掌握专业技能，例如编程语言、数据结构、算法等。这些技能可以帮助程序员完成日常工作，解决实际问题。

同时，程序员也需要了解技术的背景，以便更好地理解和应用技术。本书前些章节在介绍技术的时候喜欢从历史背景、技术背景讲起。比如，学习数据结构的原理和应用的方式，可以更好地选择合适的数据结构，实现高效算法；了解编程语言的设计和实现背景，可以更好地解决在使用编程语言时遇到的问题，提高编程效率。

程序员怎么了解技术的背景？可以阅读相关图书，了解技术的原理和应用的方式，例如学习数据结构、算法、计算机网络知识等；还可以阅读源代码，了解技术的实现细节，例如开源代码、内核源代码等。

在空闲时间，可以参加技术研讨会，与同行交流技术，了解业界最新消息。如果有机会，则可以向专家请教，寻求解答问题的方法和了解前沿技术发展状况。成为技术社区、博客的活跃分子，或许就能获得上述机会。

6.2.6　学习人文知识

作为一名程序员，对技术的掌握固然重要，但仅仅掌握技术是远远不够的，在现代社会中，技术已经不再是独立存在的产物，而是融入社会、经济、文化中。因此，程序员需要了解和学习人文知识，提高人文素养。

掌握足够多的人文知识，可以更好地理解和满足用户需求，提高人际交往能力和领导力，从而成为一名全面发展的优秀程序员。那么，如何学习人文知识呢？

1）广泛阅读。通过阅读不同类型的文学作品，例如小说、散文、诗歌等，可以拓宽知识面，增强观察能力和思考能力。

2）发展更多的兴趣爱好。通过发展更多的兴趣爱好，例如音乐、绘画、戏剧等，可以丰富个人的生活，增强人文关怀能力。

3）探究历史。通过阅读历史书籍，了解不同历史时期的文化和社会状况，可以加深对人类历史的理解。

4）思考哲学。通过阅读哲学书籍，可以了解不同哲学家的思想，加大自己的思维深度和增强批判能力。

5）参加文化活动。参加当地的文化活动，例如文化节、讲座、演出等，可以直接体验不同的文化，加深对人文知识的理解。

> 学习人文知识，需要积极主动的态度。通过广泛阅读、发展更多的兴趣爱好、探究历史、思考哲学、参加文化活动等，可以不断学习人文知识，从而不断提高自己的人文素养。

6.3　开源实现梦想

很多人对程序员的刻板印象是：编程时经常独自深入思考，然而优秀程序员往往不会闭门造车，而是选择和团队成员或其他人交流。当置身于一个项目或者团队时，要融入团队，为团队当下做的事情感到自豪，享受团队成员共同研发的过程。

闭门造车很容易走入误区。很多初级程序员经常在网上下载一大堆文档或非常复杂的源码，然后独自研究它们，其实很难在短时间内提炼出有用的东西，而且这种方式很难坚持下来。程序员不要闭门造车，应该了解并吸收技术的长处和定位，同时要形成一个整体框架，多和外界交流，不断修正自己的框架。

通过开源项目，程序员不但可以和其他编程人员对话、交流，还可以提高自己的编程水平，甚至惠及他人。开源项目为有上进心的程序员提供了巨大的提升机会，甚至实现梦想。

6.3.1　开源的魅力

开源具有巨大的魅力，它是一扇连接无限可能性的"大门"。

开源软件的源代码对所有人开放，这意味着程序员可以共享、学习、修改和改进代码。这不仅提供了宝贵的学习机会，还促进了全球开发者的合作与互动。开源项目提供了各种库、框架和工具，加快了开发速度，同时保持了透明度和安全性。通过开源，程序员可以共同探索、创造，发展技术力量。

（1）开源的历史就是互联网的历史

开源的历史与互联网的历史紧密相连，二者相辅相成，共同推动着科技世界的不断演进。互联网的崛起为开源提供了理想的土壤，正是由于互联网的连接性和信息自由流动，开源软件和开源文化得以快速传播与演化，形成了一个巨大的创新生态系统。从 Linux 操作系统到 Apache Web 服务器，再到 MySQL 数据库以及诸如 Mozilla Firefox 和 Android 等项目，开源技术已经深刻地改变了人们的生活方式和商业模式。开源模式已经证明在促进创新、提高软件质量和降低成本方面具有巨大的潜力。

（2）开源精神

开源精神是指一种共享和合作的文化与哲学，它强调以下几个关键方面。

1）开源精神鼓励软件和计算机程序的源代码对任何人开放。这意味着任何人都可以查看、修改和分发源代码。开源项目通常使用公共版本控制系统，如 Git，以便协作者可以随时查看和贡献代码。

2）开源精神鼓励开发者共享他们的工作，并与其他人合作以改进它。这种合作通常通过开源社区实现，开发者可以一起解决问题、增强功能，分享最佳实践。

3）开源软件通常授予用户使用、复制、修改和分发的权限。这意味着用户不仅可以免费使用软件，还可以自由定制它以满足特定需求。

4）开源项目的贡献者通常不是出于商业利益，而是出于对技术的热情和对技术社区的贡献。

5）开源精神支持技术的民主化，使更多的人能够参与到技术创造和创新中。这有助于减少技术的垄断，促进创新和竞争。

6）开源精神鼓励采用开放标准和开放协议，以确保不同的软件和系统之间可以互操作，从而可以提高系统的互通性和可扩展性。

7）开源精神强调回馈技术社区，即当程序员从开源项目中受益时，应该考虑回馈社区，比如修复错误、改进文档、创建新功能或提供支持等方式。

（3）开源生态

开源生态是一个由开发者、项目和技术社区组成的多样化环境。

在这个生态系统中，开发者可以自由地访问和贡献开源软件项目，通过合作、分享源代码和经验，不仅可以提升自己的技能水平，还可以推动技术的不断进步。这个生态系统强调互惠、透明度和提倡技术民主化的价值观，促使计算机编程领域更加开放、包容和具有社会责任感。

（4）开源优势

对于开源软件，任何人都可以自由获取、修改和分享其源代码，从而可以让更多人共同改进和享受高质量的软件，同时降低了技术的门槛和成本。

由于具备开放性和合作精神，因此开源具有更大的创新力和社会价值。

6.3.2　开源协议

开源协议是指开源软件所携带的一份声明协议，这份协议也称为开源许可证。开源许可证声明了开源协议的内容，规定了原作者和使用者的权利及义务。常见的开源协议有 Apache License、BSD、GPL、LGPL、MPL 和 MIT。

（1）Apache License

Apache License（Apache 许可证）是 Apache 软件基金会发布的一个自由软件许可证。Apache License 是著名的开源组织 Apache 采用的协议。2004 年 1 月，Apache 软件基金会公布了 Apache License 2.0 版。该协议鼓励代码共享和保护原作者的著作权，允许源代码修改和再发布，但是需要遵循以下条件：

1）需要给代码的用户一份 Apache License；

2）如果修改了代码，则需要在被修改的文件中说明；

3）在衍生的代码中需要带有原来代码中的协议、商标、专利声明和原作者规定需要包含的说明。

如果再发布的产品中包含一个 Notice 文件，则在 Notice 文件中需要带有 Apache License。

你可以在 Notice 中增加自己的许可，但是不可以表现为对 Apache License 构成更改。Apache License 是对商业应用友好的许可。使用者也可以在需要的时候修改代码来满足并作为开源或商业产品发布或销售。

使用这个协议的好处有很多：永久权利，一旦被授权，永久拥有；获得在全球范围的权利；授权免费，无版税，前期、后期均无任何费用；授权无排他性，任何人都可以获得授权；授权具有不可撤销性，一旦获得授权，没有任何人可以取消。

（2）BSD

BSD（Berkeley Software Distribution）协议是一个给予使用者很大自由的协议。基于该协议，可以自由使用、修改源代码，也可以将修改后的代码作为开源或者专有软件再发布。当发布使用 BSD 协议的代码，或以使用 BSD 协议的代码为基础二次开发自己的产品时，需要满足以下三个条件：

1）如果再发布的产品中包含源代码，则在源代码中必须带有原来代码中的 BSD 协议；

2）如果再发布的只是二进制类库/软件，则需要在类库/软件的文档和版权声明中包含原来代码中的 BSD 协议；

3）不可以用开源代码的作者/机构名字和原来产品的名字做市场推广。

BSD 协议鼓励代码共享，但需要尊重代码作者的著作权。由于 BSD 允许使用者修改和重新发布代码，也允许在使用 BSD 协议的代码上开发商业软件以发布和销售，因此它是对商业集成很友好的协议。很多企业在选用开源产品的时候都会首选 BSD 协议，因为可以完全控制这些第三方的代码，在必要的时候可以修改或者二次开发。

（3）GPL

GNU 通用公共许可证简称为 GPL（General Public License），是由自由软件基金会发行的用于计算机软件的协议证书，使用该证书的软件称为自由软件。大部分 GNU 的程序和超过一半的自由软件使用这种许可证。Linux 采用的正是 GPL 协议。GPL 协议和 BSD、Apache License 等鼓励代码重用的许可证不一样，GPL 的出发点是代码的开源/免费使用和引用/修改/衍生代码的开源/免费使用，但不允许将修改后和衍生的代码作为闭源的商业软件发布与销售。

（4）LGPL

LGPL（Library General Public License，库通用公共许可证）是 GPL 的一个为类库使用而设计的开源协议。和 GPL 要求任何使用、修改、衍生 GPL 类库的软件必须采用 GPL 协议不同，LGPL 协议允许商业软件通过类库引用（Link）方式使用 LGPL 类库而不需要开源商业软件的代码，这使得采用 LGPL 协议的开源代码可以被商业软件作为类库引用并发布和销售。

但是，如果修改使用 LGPL 协议的代码或者衍生，则对于所有修改的代码，涉及修改部分的额外代码和衍生的代码都必须采用 LGPL 协议。因此，使用 LGPL 协议的开源代码很适合作为第三方类库而被商业软件引用，但不适合希望以采用 LGPL 协议的代码为基础，通过修改和衍生的方式做二次开发的商业软件采用。

GPL 和 LGPL 都会保障原作者的知识产权，避免有人利用开源代码复制并开发类似的产品。

（5）MPL

MPL（Mozilla Public License）是 1998 年初 Netscape 的 Mozilla 小组为其开源软件项目设计的软件许可证。截至 2021 年 1 月 5 日，此许可证的发布版本为 MPL 2.0。MPL 协议允许免费重发布、免费修改，但要求修改后的代码的版权归属软件的发起者。这种授权机制维护了商业软件的利益，要求将基于这种软件的修改无偿贡献版权给该软件。这样，围绕该软件的所有代码的版权都集中在发起人的手中。但 MPL 协议允许修改和无偿使用。MPL 协议对链接没有要求。

（6）MIT

MIT 协议是和 BSD 协议一样宽泛的许可协议，源自麻省理工学院（Massachusetts Institute of Technology），又称 X11 协议。使用该协议的代码作者只想保留版权，而无任何其他限制。MIT 协议与 BSD 协议类似，但是比 BSD 协议更加宽松，是目前最少限制的协议。该协议唯一的限制条件就是在修改后的代码或者发行包中包含原作者的许可信息。该协议同样适用于商业软件。使用 MIT 协议的软件项目有 jQuery、Node. js。

通过图 6-1，可以直观地了解上述开源协议之间的关系。

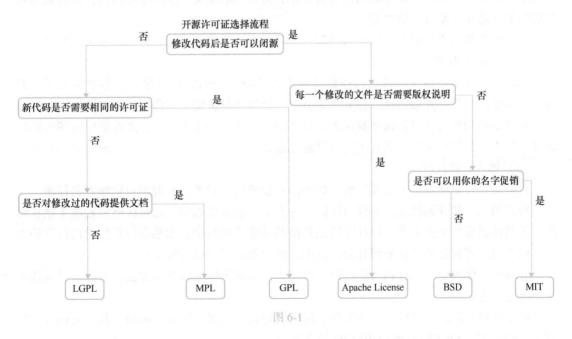

图 6-1

6.3.3　开源途径

通过上面的介绍，或许你对成为一名开源程序员已经跃跃欲试了。既然目标已经有了，那么通过什么样的途径来实现呢？

（1）选择适合自己的技能树

如果玩过 RPG（Role Playing Game，角色扮演游戏），那么应该很熟悉"技能树"的概念。在游戏中，玩家会从基础技能开始，不断地升级和获取新技能，进而获得更新的技能。

成为成熟程序员的过程也是类似的，需要不断地往自己的技能树上添加新的技能，并持续地练习和进阶，不断取得进步。

在这个过程中，可能会遇到许多技能树，就像开源项目中有很多切入点。每个人都有自己独特的优势、才能和兴趣，选择适合自己的技能树对成为一名优秀的程序员来说至关重要，是成功参与开源项目的关键。

（2）学习别人的开源代码

学习先从模仿开始，所以想开源，可以先从查看别人的开源代码开始，借鉴他人的想法和技巧，积累自己的代码经验。

通过研究开源项目，可以了解不同领域的最佳实践和解决问题的方法，这对提高自己的编程技能至关重要。先参与他人的开源项目，融入一个充满活力和多样性的社区或团队中。在这个环境中，与来自世界各地的开发者合作，分享你的见解，解决实际问题，同时也为项目的发展和进步贡献自己的力量。

这种协作机会不仅可以丰富个人经验，还可以建立宝贵的人际关系和职业关系网络。

（3）了解开源协议

无论是正在学习编程的新人，还是准备进入开源领域的成熟程序员，想要深入了解开源，都需要持续学习开源协议。在 6.3.2 节中，已经详细讲解了一些重要的开源协议。

正式认可和履行许可协议才被认为是真正的"开源"，将其中一个许可证应用到你的代码或项目中，你就会成为一名真正的开源程序员。

（4）加入开源社区

贡献者是开源项目中的重要因素，如果没有积极的贡献者，开源项目就很容易停滞。

推荐加入一些开源社区，并成为社区的一分子。很多成熟的开源社区已经发展了很长时间，虽然社区成员来来去去，但社区规划和精神通常不会改变。如果你只是想借助社区的力量，那么可以将自己的项目放到开源社区中，然后和大家一起去维护它。

有时候，你可能看不懂别人的代码，但它或许会带给你一些开源方面的经验，看清技术的发展方向等。

除了清楚代码的含义以外，还需要了解代码的组织形式、注释、风格、相关文档等，特别是 README、LICENSE 和 COPYING 等文件。

另外，不要轻易违背对开源的承诺，只要答应别人要做，就要努力去贡献，因为这是难能可贵、很有价值的事情。

6.3.4　开源技巧

（1）少说多写

作为一名开源程序员，更多的时间应该花在编写代码上，而不是仅仅停留在思考上。

为了做到这一点，需要明确目标，为项目付出时间，记录个人的想法，并持续编译代码。

在开始支持开源项目前，需要熟悉项目本身及其发展文化，然后，可以尝试编写一些小补丁、修复 bug 或添加一些小的功能，并对它们进行提交。

如果提交被拒绝了，那么不要灰心，鼓起勇气，修正后再提交。如果提交被接受了，就可以尝试继续做出更多和更大的贡献。

在开源社区中，不要过分关注排行榜。你的任何参与和贡献都很重要，无论是添加想法、问题，还是提交代码。记住，开源社区是一个共同合作的生态系统，每个人都可以为其做出贡献。

（2）持续推进

在项目的编程过程中，无论是寻找解决问题的新方法、优化代码、学习新的编程语言，还是改善与他人的交流方式，都需要持续去做。随着个人的成长，开源项目也会受益。开源之路有时很漫长，开源不是一个完成后就可以置之脑后的任务，而是需要持续不断地向前推进。

> 开源是一个有无限可能的"世界"，让个人梦想汇聚成集体创新，塑造一个更加开放、协作和共享的数字未来。

6.4　学习时间管理与授权

时间管理能力可以帮助程序员更好地组织和计划工作，提高工作效率。授权能力则可以帮助程序员合理地分配任务，让团队成员更好地发挥自己的能力。这两种能力往往是普通程序员容易忽视的。

6.4.1　时间统筹

程序员在编写代码时，应该善于实现时间统筹，比如首先需要在项目规划阶段确立清晰的目标和时间表，然后按照计划逐步推进，确保每个阶段都有明确的任务和时间限制。在开发过程中，要不断监测进度，灵活调整计划以应对可能出现的挑战，最后，在项目完成时，总结经验教训，形成完善的文档和反馈机制。

可以借助一些具体的时间跟踪、统筹方法来做到有效的时间管理，比如 GTD 方法、"番茄"工作法、避免"多线程"工作造成的时间黑洞等。

（1）GTD 方法

人们经常出现这样的困扰：在解决线上问题的时候，心里总想着还有没写完的代码；在看书的时候，还挂念着未追完的电视剧。想法总是翻来覆去，就像是大脑中的隐藏进程，时不时发个消息提醒你一下。这些都是工作效率低下的原因。想要在处理事务的时候达到心无旁骛的状态，就不得不提 GTD（Get Things Done）方法，它可以很好地帮助用户统筹时间。具体来讲，它分为 5 个动作：收集、整理、组织、检查、做。

GTD 方法的前半部分任务就是：收集加整理。

将大脑中任何想要做的事情都列出来，收集它们的同时也可以给大脑"减压"。把要做的事情列在何处呢？市面上有很多满足这个需求的 ToDo 类软件。无论何时何地，想到一个任务或事情，都要将它记录下来，以免遗忘。

整理已经列出的所有事情，此时可以使用"四象限"法则。

"四象限"法则是指，根据事情的重要和紧急程度来对事情进行划分。

1）第一象限包含马上需要做的事情。如果这个象限的事情很多，肯定会让人疲惫不堪，就需要反思一下自身或所处的环境，因为不可能所有事情都是既重要又紧急的，尽量把不够重要和紧急的事情划分到第二象限或第三象限。

2）第二象限包含计划去做的事情，这里列出的事情是需要重点关注的，因为一天之中的主要精力和大多数工作时间都应该放在这里。

3）第三象限包含尽量委托别人做的事情。这里的别人不局限于真人，也可以是工具。

4）第四象限包含尽量不去做的事情。可以将这些事情归档，以便今后再安排，或者直接取消。

"四象限"法则只是一个工具，更重要的是，需要充分了解自己，知道什么事情需要立即去做、什么事情不着急去做、什么事情不用去做，毕竟人的时间、精力都是有限的。

事情都已经整理好了，那么该开始执行了。在执行之前，我们最后来了解一下 GTD 的后半部分，即"组织、检查、做"。

面对不同象限里的事情，要采取不同做法的策略。

第一象限中的事情要尽快落实。可以先拆解这类重要且紧急的任务，把能移到第二象限或第三象限的任务先移走，对于不能拆解的任务，需要将其放入适当的地方或进行标注，以便随时查看和访问，包括创建清单列表、日历事件、文件夹或标签等，然后快速完成这些不得不完成的任务。

第二象限中的任务很重要，但又不急于完成，所以要对它们做好提前规划，尽量细化任务的执行步骤，理解任务的目标。然后执行它们，适时地回顾任务的进展情况。

第三象限中的任务可以通过委派他人或者借助工具实现，做到定期（每天、每周或每月）检查或者重新评估、归类。

对于第四象限中被归档的任务，可以重新评估它们，这时候会发现，有些任务可以提上日程，而有些任务可以直接丢弃。

通过 GTD 方法以及结合象限管理思想，可以更好地管理时间和事务，减少分散注意力的一些因素。

（2）"番茄"工作法

想要真正落实对任务的执行和追踪，还需要借鉴可能很多人都熟知的"番茄"工作法。"番茄"工作法中的"番茄"就是一个工作单元，1 个"番茄"表示 30 分钟＝25 分钟工作＋5 分钟休息，每完成 1 个"番茄"，记录一下任务进度。在完成 4 个这样的"番茄"后，就需要长时间休息 15~30 分钟。其重点在于，每一个"番茄"都不可暂停，如果分心或者每一个"番茄"内的工作时间被打断，则这个"番茄"作废，需重新开始计算。完全按照"番茄"工作法工作，不仅是对自身的一个挑战，还对工作环境有很严格的要求，想象一下，你可能会被各种各样的事情打断，如测试人员提交 bug、产品人员提交需求和其他各种会议等。

"番茄"工作法之所以这样设计的一个重要原因是，让使用者保持专注。人的专注时间并不会太长，于是将一小段的工作时间设定为 25 分钟；只有连续不断地保持专注，才是有效的，所以这一小段工作时间不可暂停也不可被打断；短时间的休息能帮助使用者恢复专注力；而长时间对专注力的消耗，是需要一个长时间休息过程的，以保证下一段工作时间的专注。

"番茄"工作法的最大作用是帮助使用者预估时间。对于很多程序员来说，工作中经常拿不准的两件事情是评估工作量和预估工时，有时只能依靠经验和感觉，若二者出现偏差，就可能会导致项目延期。通过"番茄"记录，能看到每一项任务花费的时间、主要时间消耗在何处、是否有不合理之处需要改进等。所以，建议你为"番茄"工作法创造相应的条件并亲自尝试一下，通过该方法，完成事先规划好的任务。

（3）避免"多线程"工作

同时做多件事情，似乎能提高效率，但很多情况下达不到想要的效果，为什么？"多线程"工作意味着需要多任务切换。作为程序员，肯定知道，任务切换需要许多额外的花销，具体来讲，首先需要保存当前上下文，以便下次能够顺利切换回来，然后需要加载目标任务的上下文。如果一个系统不停地在多个任务之间来回切换，就会耗费大量的时间在上下文切换上，无形中浪费了很多时间。不仅如此，在开始执行一个任务的时候，大脑需要一定的时间来进入状态，频繁切换往往意味着做每件事情都无法进入状态。

这里，并不是完全否定"同时做多件事"，可以将一件轻松的事情和一件需要专注力的事情组合起来，比如，边跑步边听技术讲座、边听歌边写代码。

多任务切换，会无形中浪费很多时间，这是人们很难觉察到的，这些时间就像是被"黑洞"吸走了一样。例如，频繁的群聊消息通知会对人造成巨大的干扰，会形成巨大的时间"黑洞"；还有手机里各类 App 的消息通知，也会时不时地打扰正在专注工作的你。

来自工作环境的干扰不可避免，我们要做的是尽可能地降低其对自身的负面影响，用 GTD 方法为自己的大脑"减压"、明确目标，用"番茄"工作法专注做事，通过避免"多线程"工作来避免时间"黑洞"。

6.4.2　任务委派

如果成为团队管理者，那么委派任务是经常发生和很有必要的。委派任务能够有效地分配工作，提高团队的工作效率和协作能力。管理者通过合理的委派，能够将一个大的任务拆分成若干个小任务，并分配给不同的团队成员。这样，每个团队成员就可以集中精力完成自己的任务，而不需要管理者亲自完成所有工作。想要成功委派任务，管理者需要做到以下几点。

1）明确任务目标。管理者需要明确每个任务的目标，并告知团队成员。这样，团队成员才会知道自己的任务是什么，才能更好地完成任务。

2）合理分配任务。管理者需要根据团队成员的能力和经验，合理分配任务。这样，团队成员才能更好地发挥自己的优势，顺利完成任务。

3）提供必要的支持。管理者需要在团队成员完成任务的过程中，提供必要的支持和帮助。这样，团队成员才能在遇到困难时得到帮助，顺利完成任务。

委派任务对于培养管理能力是非常有帮助的。另外，无论你的工作效率有多高，也不可能完成所有工作。

当你成为团队管理者，还试图承担已经委派的任务时，风险就会成为阻碍进展并产生负面结果的瓶颈。

6.4.3　结合技术和管理

如果只专注于技术，那么有可能使自己的职业发展受限。因此，当设计自己的职业发展路线时，应最大限度地强化自己独特的技能组合，如结合技术和管理，而不是只寻求单项的突破。

拥有核心竞争力能够使程序员在竞争激烈的 IT 行业中更有优势。举个例子，假如有两名程序员同时申请一个团队管理者的岗位，两人的技术水平都很高，但是其中一名程序员还拥有与该岗位相关的管理经验，那么，这名程序员更有可能被企业选中。

把视野拓宽到管理岗位，才不至于使自己的眼界过于狭小。所以，提高自身核心竞争力的过程，是向管理靠拢的过程，也是拓宽视野的过程。

程序员不应该只是技术人员，不应该只关注代码和技术细节。许多程序员的经历已经证明，培养技术和管理能力是提高自身核心竞争力的关键。

第7章

思维：多听多想、打开格局

多听多想、打开格局，有助于更好地理解不同的观点，提升思维能力，并且能够更好地解决问题。举一个简单的例子，假设一名程序员正在解决一个复杂的编程问题，如果他能够广泛听取不同的人的意见，并且对这些意见进行深入思考，就可能会得到一种更好的解决方案；如果他不愿意听取他人的意见，就可能会陷入固化的思维模式中，需要花费很长时间或难以想出有效的解决方案。本章旨在带给读者一些思维上的启发。

7.1 切勿急于求成

急于求成是很多刚入门程序员的"通病"，我们一定要留意并且规避它。不要带着非常强烈的、以结果为导向的目的去学，不然很容易受挫。正确的学习态度是：用长远的眼光来看待，用学习方法论来实践，以终身编程的信念来迎接挑战。

（1）软件漏洞与安全问题

在软件开发中，安全是至关重要的。当程序员急于完成任务时，可能会忽略一些潜在的安全漏洞，从而使应用程序容易受到攻击。

2017年发生的Equifax数据泄露事件就是一个典型的案例。Equifax公司的程序员在处理敏感用户数据时，没有及时更新和修补已知的安全漏洞，导致超过1.46亿用户的个人信息泄露。这个事件的教训是，急于求成和忽略安全问题都可能会导致灾难性后果。

（2）软件质量问题

另一个常见的问题是软件质量的下降。举例来说，一个开发团队可能在项目的最后阶段急于完成任务，因为截止日期紧迫。在这种情况下，他们可能会忽略代码审查和单元测试，这有可能导致软件中出现了大量的错误和缺陷。这些错误可能会导致应用程序崩溃、性能问题和用户体验下降，最终需要更多的时间和资源来修复。

（3）项目迭代与长期维护

一个团队可能在短时间内迅速开发了一个功能强大的应用程序，但忽略了持续更新和维护。随着时间的推移，应用程序可能变得不稳定，无法满足新的需求，从而失去了市场竞争力。

在开发中，切勿急于求成是一项重要的原则。急于求成可能会导致安全问题、代码质量下降和项目的短视性。

一些程序员可能会投入大量的时间和精力来学习一门新技术或者编写一款新软件，但最终失败了，可能是因为市场需求不足、竞争激烈或者其他因素导致的，尽管没有成功，但是可以从过程中学到很多东西，比如如何更好地规划项目、如何更好地进行团队协作、如何更好地面对挫折等，而这些经验对今后的工作和生活都会有很大的帮助。

7.1.1 借助"外脑"

俞敏洪曾说："要鼓励青少年做事研究方法论"。没有方法的努力，很可能会在错误的方向上越走越远。

在数字世界中，可以在任何时候获取几乎任何知识。真正的挑战在于，了解哪些知识有价值，并建立一个系统，将其中的部分知识跨越时间与距离传递：将现在学习的知识进行存储，转移到未来。这样，当需要时，就能方便地调用它们。

此外，当需要应用时，不必担心还要背诵、整合和理解，只需要应用，然后让许多理解上的差异自然显现出来。当真正解决实际问题时，这些知识已经从公共知识变成了经验性知识，并且它将永远伴随我们。

这就是"外脑"——一个存储了我们学到的所有知识和收集的资源的外挂知识库的工作。它是一个存储和检索系统，将知识拆解为一个个知识块，可以被转发到不同的时间点，以便复盘、利用或删除。

在程序员的工作领域，俞敏洪的这一理念尤为重要。在编写代码、解决问题、开发应用程序的过程中，知识的需求几乎是无穷无尽的。然而，如果没有一个系统化的方法来管理和应用这些知识，就会陷入信息过载和不断重复学习的困境中。

这就是"外脑"在程序员社区中变得如此重要的原因。程序员需要不断学习新的编程语言、框架、库和工具，同时还需要解决各种复杂的技术问题。"外脑"成为一个存储和检索系统，可以帮助程序员有效地管理知识。

新手程序员不要试图自己凭空创造，而要懂得借力向上提升，即要站在前辈的肩膀上，用他们的经验让自己更进一步。

7.1.2 程序员也要很努力

成为一个成功的程序员，确实需要更多的思考和努力。程序员职业的吸引力在于它提供了创造和挑战的机会，但同时也伴随着一系列开发、生产责任和陡峭的学习曲线。

在现代软件开发中，程序员的分工越来越细，这是事实。随着技术的发展，不同的编程语言、框架和工具层出不穷，程序员需要不断学习和适应新的技术；非常专业的程序员才有可能在某一领域有着深厚的专业知识功底，大多数程序员需要广泛了解各种技术，以便适应不同项目的需求。

编程不仅仅是一项工作，而是一种职业，甚至是一门艺术。成功的程序员将编程视为一种持续学习和成长过程，他们不断精进自己的技能，关注行业趋势，并建立自己的职业品牌。同时，他们也能够平衡工作与生活，以保持健康的身体状态。

很多人都认为编程可以带来丰厚的收入，但其实并不总是如此。成功的程序员通常是那些对自己的技能有自信、不断学习并不断提高的人。同时，要记住，财务自由通常不是一夜实现的，而是需要耐心，是长期规划的结果。

只有那些投入足够多的精力和热情且不断努力的程序员，才能获得长期的成功。

7.1.3　关于"造轮子"这件事

在编程领域，有一句非常流行的话："不要重复造轮子。"这里的"轮子"指的是已经封装好的组件或库，可以直接拿来使用，能够快速实现相应的功能。

对于别人已经造好的"轮子"，如果再造一遍，那么有什么意义吗？这不是浪费时间吗？

其实，对于初学者，重复"造轮子"是一种非常好的学习方式，可以快速提升个人技术水平。

（1）发明"轮子"与造"轮子"的区别

发明"轮子"是在完全不考虑前人的基础上，从零开始，而造"轮子"则是改进"轮子"的过程，即在前人的基础上，"轮子"能越造越好。这也为造"轮子"指明了方向，即需要了解之前"轮子"的原理和利弊，加以改进，使它更好，而不是完全从零开始，自己重新创造。

（2）能从造"轮子"中得到什么？

1）提升技术和认知水平。

在刚开始学习自定义组件时，可能并不知道从何处入手，此时可以到 GitHub 中搜索他人编写的漂亮组件，筛选出符合自己当前水平的组件，分析它的实现原理，找到需要学习的知识，然后学习它们。当学会了这些知识之后，再跟着案例实现一遍，就能够掌握相关技能，甚至还能够发现其中的一些 bug 并修复它们。

GitHub 上的开源组件为人们提供了丰富的学习资源。在分析他人代码的实现原理的过程中，会逐渐理解他人的代码架构方式，从而提高自己对技术的认知水平。

应该向别人的"轮子"学习，这样不仅体现的是一种态度，更是一种提升自己的方式。

2）名气。

名气有什么用？可以说非常有用。

举个例子，有人认为自己的学历比较差，在求职时不占优势，不知道如何弥补这方面的不足。其实，如果这个时候他有一个在 GitHub 上的开源项目，而且很多人都给这个 GitHub 项目标星，就有可能在一定程度上弥补他在学历上的不足。

如果持续进行开源，做好用的"轮子"，在行业内有一定的知名度，那么学历、工作年限等将不再是影响求职或升职的决定性因素了。

（3）造"轮子"的不同阶段

学习造"轮子"就像学习其他任何新事物一样，需要一个渐进式的过程，不要期望自己一下子就能独立完成一个组件。造"轮子"大致可以分为下列四个阶段（还是以"自定义组件"为例）。

1）主动学习。首先要到 GitHub 上搜索与自定义组件相关的项目，比如搜索"自定义组件"，会出现多种编程语言下的自定义组件项目列表。在选择 JavaScript 语言下的自定义组件项目后，就可以逐一查看效果，如果喜欢，就可以下载源代码并分析原作者的实现方式和使用的技术。如果在分析过程中有不懂的地方，就去学习。在该阶段，以学习为主，如学习他人的实现方式和使用的相关技术，慢慢形成自己的知识体系。在学习一段时间后，如果发现自己在这个领域掌握的知识已经比较系统化，就可以尝试自己写一个组件。

2）自己实现简单组件。当自己的知识体系已经形成后，在阅读博客或文章时，经常会看到其中介绍的一些组件，这时你可能会想：如果自己实现，那么如何实现呢？此时，可以先尝试从零开始自己实现，解决其中的问题，如果无法做到，再去查看他人的源代码，在他人的基础上调整，对比差异，学习他人的源代码中的知识。通过不断磨炼，相关知识基本上能够活学活用了，可以进入下一步了。

3）分析复杂组件的实现原理。当自己能实现一些简单组件时，就可以找一些复杂的组件来拆解，分析他人的代码架构，学习架构的相关技术和实现原理，为自己实现复杂组件打下坚实的基础。当熟练相关技术和实现原理以后，对于一些高端框架，完全有能力为它们修复 bug、拓展功能。更进一步，可以改变框架的核心逻辑，以掌握更进一步改进框架的能力。

4）实现自己的组件。当使用一个框架或组件时，如果发现它们使用不便，或者有自己的想法，就可以尝试自己改进。当然，最好的改进方式是，先对市面上所有相似的组件的原理进行了解，然后在它们的基础上加以改进，效果会更好。

不必担心自己写的组件不够好，被人批评，因为你远没有你想象的那样被人关注。一定要先保证完成度，再追求完善。

7.1.4 放下鼠标、离开键盘——适当休息

作为程序员，你或许有过几个小时都找不到问题的解决方案，却在回家的路上，灵光乍现，想出解决方法的经历。

其实，写代码通常是由逻辑思维主导的，而解决问题时，需要由大脑中负责创造思维的部分提供想法。这就要求进行思维转换，此时，放下鼠标、离开键盘（适当的休息）是个不错的选择。

举一个例子：在清理某段遗存的代码时，发现这段代码被设计用来校验一个字符串是否包含"hh：mm：ss xx"格式的时间，其中 hh 表示小时，mm 表示分钟，ss 表示秒，xx 表示

AM 或 PM。

这个方法可以用以下代码实现。

首先，将两个字符转化为一个数字，并校验其是否在合法范围内。

```
try {Integer.parseInt(time.substring(0,2));
} catch (Exception x) {
    return false;
}if (Integer.parseInt(time.substring(0, 2)) > 12) {
    return false;
}
```

可以发现，相同的代码语句出现了两次，而且测试分钟和秒时也只是通过修改相应的字符偏移和上限的方式。该方法中的最后一段语句是用来检查 AM 和 PM 的实现的：

```
if (! time.substring(9, 11).equals("AM") & ! time.substring(9, 11).equals("PM")) {
    return false;
}
```

以上代码看起来有些冗长，于是考虑对它进行重构，但在工作时间，一直没有什么更好的思路，直到下班的路上，突然想到可以使用精简的正则表达式来校验字符串，于是，第二天上班时，修改了上述代码，仅用一条代码语句就实现了相应的功能。

```
public static boolean validateTime(String time) {
    return time.matches("(0[1-9]|1[0-2]):[0-5][0-9]:[0-5][0-9] ([AP]M)");
}
```

新版本代码更容易理解，也更精确。

这个故事的重点不是用一条代码语句就替换了原本冗长的代码，而是在下班后，即离开计算机之后，思路似乎一下子打开了，想到了工作状态中想不到的解决方案。

所以，有时为了解决问题，可以先放下鼠标、离开键盘，进行适当的休息，或许解决问题的灵感就来了。

7.2　敢于打破思维定式

当需要判断如何去做一件事情的时候，经验往往会成为判断的标准。随着知识的积累和经验的丰富，我们在做一些事情的时候却变得循规蹈矩，做事步骤也变得固定化、模式化。随着时间的流逝，我们会逐渐失去原来拥有的创造力和想象力。

这种固定化的思维模式称为"思维定式"，它已成为人超越自我的一大障碍。如果不去突破它，就会受到它的限制，无法完全发挥自身的创造力。

程序员是具有创造性特点的职业，因此，程序员应该学会突破思维定式，在面对任何问题时，开拓思路和拓宽视野，以便更好地解决问题。

举个简单的例子，当编写一个排序算法的时候，往往会想到使用传统的冒泡排序或者快速排序算法，但是如果打破思维定式，还可以尝试使用一些新的、更高效的排序算法，比如桶排序、计数排序和基数排序等。

优秀的程序员从来不会惧怕打破旧方法，尝试新方法！

7.2.1 克苏鲁神话——克服恐惧

克苏鲁神话中描述了一个叫作克苏鲁的巨大外星生物，它有着巨大的触手、鳞片覆盖的身体和龙头，具有巨大的邪恶力量。克苏鲁神话中称人类最原始、最强烈的情感是：恐惧。

克苏鲁神话的黑暗氛围和恐怖元素与编程开发中的恐惧情感有着一些意外的相似之处。就像在神话中，人类对于克苏鲁这个未知的存在感到极度恐惧，我们在编程中也常常对未知的程序错误感到不安。

在编程领域，这种恐惧并不罕见。程序员往往会面临各种各样的错误和问题，有时候这些错误和问题看起来复杂且令人畏惧。

然而，有时候并不是因为我们没有能力解决问题，而是对未知的恐惧。这种恐惧可能会让我们怀疑自己掌握的技能和知识，但实际上，我们通常拥有解决问题所需的工具和知识。

在编程开发中，克服恐惧心理是至关重要的。首先，我们需要问自己是否已经尽全力去排查和检索问题了。有时，一个看似复杂的错误可能只是一个简单的拼写错误或语法错误。只要耐心检查，就能找到解决方法。

另外，我们也应该明白，提问是解决问题的一部分。向他人请教和分享问题不仅可以获得帮助，还可以促进知识的传递和团队协作。提出问题的人可能会带来新的视角和解决方案，这点非常重要。

要记住，恐惧只是一个情感，它并不代表个人的能力。通过不断学习、实践和与他人合作，可以逐渐克服编程中的恐惧心理，变得更加自信和成熟。就像克苏鲁神话中提到的一样，对抗恐惧可能会揭示出我们内在的力量和智慧。

面对恐惧，克服恐惧，你寻求答案的那个人真的不一定比你更懂这个问题。

7.2.2　给出编码理由

在编码时提供充分的理由是一个良好的实践。

如果在编码之前没有明确的理由，就可能会导致代码中出现逻辑错误，进而导致程序运行失败。举例来说，在开发一个简单的计算器应用程序时，如果没有充分思考如何处理除数为零的情况，就可能会在编写相应函数时忽视这一问题。在初期测试中，这个函数可能没有引发错误，因为它可能没有被其他部分的代码调用。然而，在其他地方重复使用这个函数时，就有可能出现运行错误，可能需要修改代码来修复这个问题。如果一开始就充分考虑了如何处理这种情况，就可以节省查找与修复问题的时间和精力。

比如，没有明确理由的代码：

```
# 没有给出充分理由的除法操作
result = 10 / 2
print(result)
```

在这个示例中，执行了一个简单的除法操作，但没有明确的理由或注释来解释为什么要这样做。

有明确理由的代码：

```
def divide_numbers(a, b):
    """
    这个函数用于执行除法操作,并处理除数为零的情况。

    Args:
        a (float): 被除数
        b (float): 除数
    Returns:
        float: 如果除数不为零,则返回结果;否则返回 None
    """
    if b == 0:
        print("错误:除数不能为零")
        return None
    else:
        result = a / b
        return result
# 调用函数并给出充分理由
numerator = 10
denominator = 2
result = divide_numbers(numerator, denominator)
if result is not None:
    print("结果是:", result)
```

在这个示例中，首先创建了一个名为 divide_ numbers 的函数，它接受两个参数并执行除法操作。该函数内部包括了对除数为零的处理，以避免出现错误。然后添加了函数文档字符串来解释函数的用途、参数和返回值。这个示例给出了充分的理由，让阅读者明白开发者为什么编写这个函数以及如何使用它。

我们可以将问题分解为更小的模块或函数，并为每个模块或函数定义清晰的职责和输入输出规范。这种分解问题的方法使代码更加模块化，易于维护和扩展。相反，如果没有充分的理由，则可能会导致代码变得混乱，各部分之间的依赖关系模糊不清，使得后续修改变得相当麻烦。

充分思考编码的理由还可以帮助团队在整个开发过程中保持目标一致性。这些理由视为代码的设计原则，确保在编码的不同阶段都能保持一致性。这有助于避免在开发过程中频繁地改变方向，减少了重新编写代码的需求，提高了开发效率。

7.2.3　不要轻易相信自己的假设

在开发项目时，程序员往往不会参与很多事情，如获取用户原始需求、获取预算、构建服务器、部署到生产线、从旧业务中迁移一部分程序等。当不参与这些事的时候，就会无意识地假设：它可能是这样的，这样做应该就行了吧。有时，这种假设会成立，而有时，则会带来问题。

优秀的程序员往往事无巨细，件件落实，不会轻易相信自己脑中的各类假设，而是问清楚"什么时候"在"什么条件"下发生"什么事"。

例如，某一个开发任务是创建一个在线购物平台的支付系统。该项目中的程序员在开发该系统时，假设所有用户都会使用微信或支付宝支付方式，因为他们认为大多数在线购物商城都支持这两种支付方式。

当这个支付系统上线后，发现一部分用户无法完成购买，因为他们不使用微信或支付宝支付方式，而只使用银行卡这种传统支付方式。初始的错误假设，导致一些客户无法完成交易，从而减少了销售额。

鉴于这个问题，程序员不得不对支付系统进行重大修改，以支持其他支付方式，如银联支付、数字货币、货到付款等。这需要额外的开发工作，还需要测试和集成不同的支付方式，以确保用户可以方便地选择支付方式。

程序员的原始假设忽视了潜在客户的多样性和不同的支付偏好。最终，这个假设的错误导致了额外的工作和成本，即修复支付系统以满足更广泛的用户需求。

所以，在项目开发中，需要验证和考虑各种可能性的重要性，不要轻易相信自己的假设，以避免不准确的假设而导致出现问题。

7.2.4　代码"炸弹"

代码"炸弹"是指程序中某些具有危险性的代码，可能会导致程序崩溃、内存泄漏或安全漏洞。代码"炸弹"通常指的是带有时间延迟的代码，它可能会在未来某个时间点"爆炸"。比如，下面这段代码就是一个代码"炸弹"示例：

```
setTimeout(function() {
  while (true) {
    // do nothing
  }
}, 1000);
```

这段代码在运行一秒之后会开启一个无限循环，这会导致程序"卡死"，无法继续执行。

高度耦合的代码都是代码"炸弹"。有很多方法可以衡量和控制代码的耦合度与复杂度。衡量耦合度的两个指标是扇入和扇出。借助这些指标，可进行代码调优。

代码"炸弹"是一种恶意代码，会在执行时不断地生成更多的代码，直到耗尽计算机的资源为止。合格的程序员应该避免写出这种代码，避免的方法如下。

1）限制递归调用。递归调用是代码"炸弹"的常见来源。应该设置递归调用的最大深度，并确保递归函数会在达到最大深度时停止调用。

2）限制循环次数。循环也是代码"炸弹"的常见来源。同样，应该设置循环的最大次数，并确保循环会在达到最大次数时停止。

3）避免动态内存分配。动态内存分配可能导致内存泄漏和堆栈溢出，从而引发代码"炸弹"。

4）避免使用危险的函数。某些函数，如 strcat（）和 gets（），容易导致缓冲区溢出，从而引发代码"炸弹"。推荐使用更安全的函数，如 strncat（）和 fgets（）。

7.3 对代码进行终身维护

作为一名程序员，有对代码进行终身维护的打算是很重要的，这不仅是为了让代码能够长期可用，也是对自己的代码负责。

在实际开发中，经常会有这样的情况：随着业务的发展和技术的进步，原本的代码变得过时或不再适用。如果程序员没有对代码进行终身维护的打算，那么这些代码可能会被抛弃，造成浪费。因此，作为一名程序员，应该计划好如何维护自己的代码，让它们能够长期可用。

编写优质代码的第一要素是良好的编码态度。因为你会一直维护代码，所以需要在编写代码时有个认真的态度。这种认知会促使你成为一位编程专家，因为你会去学习设计模式、编写规范的注释、测试代码并不断重构和扩展。

7.3.1 关心自己的代码

程序员必须关心自己的代码，这不仅是程序员的职责之一，也是程序员成为专业人士的必要条件。关心自己的代码可以提高代码质量，提高工作效率，从而保证程序的安全性，帮助程序员成长，提升程序员的职业形象。

关心自己的代码的好处可以体现在以下 3 个方面。

1）关心自己的代码可以提高代码质量。相反，如果程序员对自己的代码漠不关心，则可能会导致代码中出现逻辑错误、命名不规范、代码重复等问题，这会导致程序运行失败，或者难以维护和扩展。

2）关心自己的代码可以提高工作效率。不关心自己的代码，不重视代码的优雅性和简洁性，可能会导致代码冗长、难懂，增加程序员后续的维护工作量，降低整体工作效率，还可能会导致代码中出现安全漏洞，威胁程序的安全性。

3）关心自己的代码有助于自我成长，因为可以维持一个不断学习的状态，不断掌握新技术和新知识。

对于一个团队来说，如果团队成员都不重视代码，那么可能会给团队或客户带来不良影响，从而影响团队的专业形象。

7.3.2 成为编码专家

程序员应该努力成为编码专家，并且在整个职业生涯中维护代码，这对于编程职业的成功和可持续性至关重要。

根据《异类：不一样的成功启示录》一书中所说的，平均需要 10000 个小时才能成为一名真正的专家。对，你没有看错，就是 10000 个小时！也就是说，如果每天工作 10 个小时，需要将近 3 年时间；如果每天工作 5 个小时，一年按工作 200 天计算，则需要 10 年。

然而，信息技术日新月异，今天出现的新技术，或许没有多长时间就落后甚至让人遗忘了，所以，想要成为"永远"的编程专家，还是需要程序员保持终身学习的态度。

真正的编码专家具有如下特质。

1）深刻理解代码质量对项目的重要性，积极寻求提高自己水平的编码技巧，关注代码的可维护性，注重代码风格规范，并且主动参与代码审查和反馈工作。

2）具备解决重大问题的能力。在编程中，难题和挑战时常出现，而专家应该能够冷静分析问题，提出有效的解决方案，并在必要时与团队合作。这需要广泛的知识和经验，以及良好的问题解决技巧，如分析、调试和测试。

3）能够承担责任，对自己的工作和代码负全面的责任，确保交付的产品和项目达到高质量标准。能够主动识别并纠正错误，不是逃避责任，而是积极参与改进过程。

4）专家程序员是新手程序员的好榜样。他们愿意分享知识和经验，指导和培养新手，帮助新手成长为更好的程序员。这种知识传承对于行业的发展和团队的凝聚力都至关重要。

7.3.3 工匠精神

工匠精神是一种强烈的责任感，要求工匠不仅要创造高质量的产品，还要终身维护和不断改进它们。在软件开发中，工匠精神表现为如下 3 个方面。

1）负责任：像木匠对待木材一样，程序员对待代码应该充满责任感。程序员需要明白，自己编写的代码可能会影响很多人，因此必须确保代码的质量。

2）持之以恒：与传统的手工匠人一样，程序员不仅是开发软件，还要终身维护它。程序员必须时刻关注漏洞、性能问题和新功能的需求，确保软件保持"健康"状态。

3）精益求精：工匠精神鼓励程序员不断完善自己的技能，并对代码进行持续改进。程序员不应满足于"好"的代码，而应该追求"更好"的代码。

下面介绍几个在编程领域体现工匠精神的例子。

（1）Linux 内核

Linux 内核是一个展现工匠精神的典型示例。Linus Torvalds 创造了 Linux 内核，并在过去的几十年里一直致力于维护它。他的态度一直是坚决的，只接受高质量的代码贡献，这保持了内核的稳定性和性能。

（2）开源社区

开源社区是工匠精神的另一体现。众多程序员正在合作开发和维护开源项目，如 Apache HTTP Server、Python、Node.js 等。他们自愿贡献时间和精力，不仅编写代码，还修复缺陷、改进性能，使开源项目得以不断演进和改善。

（3）Google 的 PageRank 算法

Larry Page 和 Sergey Brin 提出的 PageRank 算法是 Google 搜索引擎的核心。他们不仅创造了这一算法，还不断改进它，确保 Google 在搜索引擎市场上始终保持领先地位。他们体现出来的工匠精神使得 Google 成为全球最重要的互联网公司之一。

程序员的工匠精神是一种追求卓越的态度，要求他们对代码充满责任感，具有持之以恒、精益求精的态度。通过上述现实中的例子，可以看到这种精神的强大力量，它不仅创造了卓越的软件，还将其保持在相当高的水平上。程序员应该追求工匠精神。

第8章

自驱：路遥知马力

有了自我驱动力，相信你在放下本书后也能有更多的思考。

8.1 主动意味着很多

工作也好，面试也罢，"主动"是相当关键的，但它常常被人忽视。相比有"社交恐惧"，连基本的沟通都很难做到的人，那些积极主动争取的人往往能够获得更多的机会，得到领导或招聘人员的青睐。另外，不要认为只有职场新人才会放下身段、主动沟通，其实，很多级别非常高的程序员，通过自己的主动争取，找到了心仪的岗位，去往了更大的舞台。

有些成功的人，并不是比其他人更聪明、更幸运，只是更愿意去表达和争取自己想要的，更不容易屈从于困难罢了。

另外，这里的"主动"还有一层意思，就是要学会主动担责。程序员的工作会对公司或客户造成很大的影响，因此程序员应该为自己的工作负责。

8.1.1 机会是主动创造出来的

与其他许多职业一样，程序员的机会通常也不是凭空出现的，而是需要主动创造的。

（1）主动寻找发展和提升的机会

这一点包括两个方向，其中一个方向是在企业中寻找更多横向发展的机会，当然，这意味着程序员需要进行铺垫与其他模块的专业提升；另一个方向是深耕自己所处的领域，不断寻找提升的机会。

程序员如何主动创造机会？以下是作者的一些个人观点分享。

1）学习是创造机会的关键。技术领域不断发展，新的编程语言、框架和工具不断涌现，程序员需要保持学习的状态，不断更新自己的知识和技能，以适应行业的变化。

2）程序员可以通过参与实际项目、解决现实问题来积累宝贵的经验；通过在公司工作、自己开发项目、参与志愿者工作等方式来实现能力的提升。丰富的经验不仅可以提升自己的工作效率，还可以在求职过程中更容易获得面试官的青睐。

3）建立人际关系网络也是创造机会的重要因素。参加技术社区活动、行业会议，以及与同行交流，都可以帮助程序员建立有价值的人际关系网络。这些人际关系可以为未来的个人合作、项目合作或"跳槽"等带来优势和提供便利。

4）程序员可以通过开发新的应用程序或解决问题来创造新的机会。创新是技术发展的驱动力，积极寻找解决方案可以帮助程序员获得独特的机会。

5）主动判断是否还有提升的可能性，以及是否还有改进的空间和方法，主动进行归纳与总结，会发现自己在不断进步。

（2）机会更容易掌握在提前做准备的人手里

提前做准备不仅是一种策略，还是一种职业生涯投资。通过提前学习、建立网络、积累经验，将提高自己在程序员职业生涯中抓住各种机会的可能性，为未来的成功打下坚实的基础。

提前做准备通常会为你创造更多的机会。

1）如果你在大学期间或者刚迈入职业生涯时获得了一定的岗位经验，那么将比那些没有经验的竞争者更容易获得工作机会。

2）在求职时，如果你提前学习了一门新兴的编程语言，且面试的企业提供了与之相关的职位，那么你将比其他人更容易获得这个职位。

3）提前准备面试时可能问到的问题，进行有针对性的算法和数据结构练习，完成一些编程挑战，这些准备将使你在技术面试中的表现更加出色，并增加获得面试职位的机会。

4）如果你之前为开源项目做出过贡献，或者建立了自己的开源作品集，那么将在找工作或者合作项目时更容易吸引对方的注意，雇主和合作伙伴通常喜欢选择拥有开源经验的候选人。

5）提前做准备还包括开发自主项目。如果你在业余时间开发了一个有意思的应用程序或者网站，那么它可能会成为一个商机，或者引起其他合作伙伴的兴趣。

问一问自己：两年后，自己在哪里？能成为什么样的人？想变成什么样的人？五年后，自己会在哪里？会变成什么样的人？

8.1.2 主动更新技术栈

在初级程序员的进阶过程中，需要跨过两个较高的门槛：获得经验和学习新技术。经验是可以随着工作时间而增长的，但是新技术需要主动学习。

（1）转变思想

想要成为一名优秀的程序员，首先需要拥有一颗主动求变的心，敢于跳出自己的舒适区，对新技术和新领域持开放态度。

作为程序员，至少需要做到两点：不要对自己不了解的技术持有偏见，不要对自己不熟悉的技术感到恐惧。

程序员需要将被动式学习转换为主动式学习。

在编程时，被动学习者可能会倾向于在遇到错误时简单地查找答案，而主动学习者会更深入地分析问题。例如，一个程序员在开发过程中遇到一个奇怪的错误，主动学习方式是指通过深入研究代码和错误信息来探究引发问题的根本原因，而不仅仅简单地搜索解决方案。通过主动学习方式，可以更好地理解编程语言和框架的内部工作原理，并且能够在将来避免或更快地解决类似问题。

程序员在编程工作中会使用各种开源工具和库，很多程序员也只是被动地模仿他人代码的写法，其实，可以将被动的使用转换为主动的贡献。举个例子，一个前端开发者可以加入一个流行的 JavaScript 库的开发团队，而不仅仅是使用它。这样的话，可以深入了解库的内部工作原理，并且可以改进它，从而提高相关技能。

程序员应该进行主动式学习，把学习当成知识积累和技术提高的过程，是对自己的长期投资，而不是一种功利性的行为。

（2）保持核心竞争力

IT 企业属于知识密集型企业，员工的核心竞争力与其知识储备与技能密切相关。

程序员的核心竞争力体现在与 IT 相关的知识和技能上，然而，IT 行业是一个不断变化、快速发展的领域，想要始终保持核心竞争力，就要不断更新自己的知识和技能。

例如，很多互联网企业长年都在招聘前端工程师，其中一个原因是现有的一些前端工程师已经跟不上技术更新和市场变化的步伐。

在 IT 行业快速发展的大环境下，程序员应该学会转变思想，进行主动式学习，保持核心竞争力。

8.2 自驱是进步的原动力

思考一下，驱动你做一件事情的动力是什么？

人的行为往往由两种驱动力推动。一种是生物性驱动力，即生存本能带来的驱动力。例如，每天需要吃饭、睡觉、上厕所，长大后需要谈恋爱、结婚等。这种驱动力确保了我们能够在这个世界上生存，是一种原始的驱动力。另一种是外在动机，即奖励或惩罚带来的驱动力。例如，公司承诺业绩好就会有奖金，我们就会努力工作；上班迟到会罚款，我们就会早起。这种驱动力会改变人的行为，促使人多做鼓励的事情，少做禁止的事情。

第一种驱动力只能解决人的生存问题。第二种驱动力则会限制人的行为，一旦认定做某件事情会获得奖励，就会对奖励"上瘾"，但如果认为自己得到的奖励与付出不成正比，则会松懈下来。

除了这两种驱动力以外，还有没有第三种驱动力呢？

《驱动力》一书的作者在该书中指出了第三种驱动力，那就是内在动机，即完成某件事情带来的成就感和愉悦感。例如，玩游戏时获得很高的分数，比吃美味佳肴还要过瘾；第一次不间断跑了 10 千米，这种超越自我的成就感非常美妙；修复了一个长期存在的软件故障，会特别有成就感和感到充实。这些没有人主动给你奖励或惩罚的事情，你却能做得津津有味。例如，为了练好游戏中的某个人物，你会去看教学视频；为了能够跑得更远，你会去查阅如何正确跑步的资料；为了修复遇到的 bug，你会不惜利用休息时间去查阅相关资料。

如果能掌握第三种驱动力，那么你的职业生涯将会一直处于向上的状态。

那么，如何驾驭第三种驱动力呢？

作为一名程序员，你需要问自己一系列问题：我真的喜欢编程吗？我是否能够确定选择成为一名程序员不只是为了赚钱，更重要的是为了实现自己的人生价值？这些问题的答案非常重要，因为它们决定了你是否能够利用内在动机。如果你的答案是为了赚钱，那么你很可能无法成为一名优秀的程序员，而且会在这条路上越走越疲惫；如果你的答案是真心喜欢编程，那也很可能说明不了什么问题，除非你每天都在自发地学习并取得进步。

如果想要利用内在动机，那么首先要忘记它可能带来的奖励，而是要专注于学习知识，充实自己，奖励只是进步的附属品。如果在做一件事情之前先考虑它是否有价值，是否会带来收益，那么你还是在利用外在动机。

在当下的环境中，其实有时很难看清一件事情对未来的意义。举个例子，当 AngularJS 刚面世的时候，尽管这个框架还不成熟，但是作者的一个同事对它非常感兴趣，研读了大量相关资料，并积极试用。在那个时间点上，实际上还看不出来它会为未来带来什么收益，说不定过几个月就销声匿迹了。但是，这位同事依然乐此不疲，几年过去了，现在已经成为国内的 AngularJS 专家。

内在动机可以产生一种良性循环，很容易会让人变得积极向上、乐观，感觉生活充满希望。那些善于掌控内在动机的人会在生活和工作中都运用它，把工作和生活统一起来，不再相互冲突。

在工作中遇到困难时，要有"别人能做到，自己也能做到"的信念，即使现在做不到，也应该抱有主动寻找差距的心态，去弥补提升。

虽然有些人每天工作很长时间，但还坚持健身，这就是第三种驱动力的力量。这种驱动力不仅要用在工作上，还要用在生活上。这样，生活和工作更容易成为统一体，每天都能够充满斗志。

8.2.1 长期主义——欲速则不达

长期主义强调编程的持久性和长远规划，相较于追求短期的、快速的解决方案，它强调在编程实践中注重质量、性能、学习和安全。

很多时候，人们认为技术是万能的，可以解决一切问题，但实际上，技术的革新和实现是需要时间检验的，必须经过测试等多个环节的验证才能真正实施。因为在问题出现的时候往往对技术存在相当高的期望，所以存在短期被高估的情况。

举个例子，在软件开发领域，特别是在敏捷开发方法盛行的时候，人们可能会过于乐观地估计一个项目的完成时间。开发团队可能会被要求在极短的时间内交付一个复杂的软件产品，因为新技术和工具已经出现，被认为可以大幅提高开发速度。然而，在实际开发中，新技术的学习曲线、潜在的 bug 以及需求的变更等都可能导致项目延期或者质量问题。

另一个例子在人工智能领域。当新的机器学习算法或神经网络模型发布时，人们往往寄予它们厚望，认为它们可以在各种领域取得突破性进展。然而，这些算法和模型需要大量的数据训练与调优，而且在实际应用中可能会遇到数据不足、偏差、隐私问题等挑战，导致它们的性能不如预期。

所以，应该学会"慢下来"，因为站在长期主义的角度审视技术，就会发现技术的发展是一个渐进过程。在面对新技术时，应该保持谨慎，避免过于乐观地期望它立刻解决所有问题，而应在实际应用中不断测试和调整，以确保其真正发挥作用。

8.2.2 厚积而薄发——注重积累

苏轼《稼说送张琥》一文中的"博观而约取，厚积而薄发"的大意是，富人田多而肥，故能按时耕种，庄稼成熟了才收割，不仅能保全地力，庄稼的收获还很好，"少秕而多实，久藏而不腐"的大意是，穷人地少，耗竭地力养家，地力枯竭，庄稼产量变低，收获变差。

苏轼从养地说到了养才。他认为并不是古人之才大过今人，而是古人善于自养其才，通过学习，由弱而刚，由虚而实，具有真才实学之后，才慢慢有所表现。

博观是一个通过学习广泛积累的过程，约取则是在博观中取其精华弃其糟粕的过程。编程犹如种地，只有养好了地力，种出来的庄稼才好才精；只有提高了代码素养，写出来的作品才受人推崇。

对于程序员来说，博观而约取指的是要拥有广博的知识面，但是要有所取舍，只选择对自己有用的知识进行深入学习。优秀程序员了解不同的编程语言和框架，比较其优劣势，选择其中几种进行深入学习。优秀程序员关注业内最新的技术动态和趋势，从各种途径了解行业的发展方向。他们还会积累编程经验，了解各种技术的适用场景，遇到问题能够快速找到解决方案。

厚积而薄发指的是，在日常工作中，不断积累经验和学习技能，在合适的时机展现。比如，注重基础知识的学习，以及掌握算法和数据结构等，在特定场景中用它们来优化解决方案，如果这个时候能在团队中一鸣惊人，就一定能确立技术威信。另外，经常进行实践总结，在技术分享会上分享自己的经验和体会，在团队中确立"领头羊"的地位。

人们往往会忽视积累，比如，设计模式是很多经典编程思想的体现，但是一般工作不会特别强调一定要采取哪些设计模式，如果编码中没有它们作为指导，随手一写的代码往往没有可维护性和扩展性。重视积累设计模式的相关代码，也能为日常的编程工作提供很好的思路，使程序更健壮、易读。

蓄积丰富的知识和技能而不急于表现。要看重积累，不要太看重表现！

8.3 成长即负熵本身

程序员应该试图寻找客观规律，在面对问题时，用科学的方法解决。本节探讨一些理论和规律，了解和遵循这些理论与规律的人可以智慧地面对工作、生活中的挑战。

8.3.1 接受多元化

多元化是世界上最本质的规律之一。

对于个体来说，心理世界和自然界很相似，心理世界的很多构建都是成体系的，因而也遵循多元化的规律。心理学研究发现，一个人的自信心支点越多，这个人的自信心越稳固，越不容易被打垮。

同样的道理，程序员不应该过于偏执，个性需要多元化，因为每天会面对与处理各种各样的情况和关系。如果都用单一的方式面对，就会让人觉得古板和乏味。如果自我认知很简单，那么任何挫败都可能带来彻底的否认和迷惘。

程序员的工作不可能完全没有挑战、危机和痛苦，而人又无法预知未来。工作的好与坏，不在于你能提前规避多少风险，而取决于你的适应能力和恢复能力的强弱。为了培养多元化思维，可以尝试做下面这些事情。

1）投入精力于两三件事情上，尤其是那些你认为不擅长、一直逃避的事情。

2）让自己的性格拥有不同的方面，甚至是看上去矛盾的品质。

3）列出现在所有能让你开心的事情，然后想办法把数量翻倍。

4）不要只和与你想法一致的人交朋友，尝试认识不同类型的人，听听不同的声音。

5）不要只依赖于一两种调节方式来调整情绪，尝试更多的方法。

8.3.2 熵增理论

在孤立的系统内，分子的热运动总是体现为从原来集中、有序的排列状态逐渐趋向分散、混乱的无序状态。系统从有序向无序的自发过程中，熵总是增加。

经常听说"熵增理论"，它具体指什么呢？

熵增理论可表述为孤立系统的熵永不减小，必须从外界吸收，食物也好，知识也好。熵增理论告诉人们，事物从有序变得无序是一种自然的本能，是一种大势所趋。

熵增理论明明只是一个物理学名词，甚至都没有像质量守恒定律、能量守恒定律那样广为人知，可它为什么会让一部分人着迷呢？因为熵增理论的价值已经远远超出了物理学的范畴，而上升为一种思维方式，一种生命哲学。

根据熵增理论，有人会顿悟到：由俭入奢易，由奢入俭难，进而认识到自律的重要性；有人会追问内心：心似平原走马，易放难收，进而走向慎独；有人会联想到：覆水难收，进而学会珍惜；有人会杞人忧天：宇宙终会寂灭，生命总会终结，进而开始消极怠慢。

熵增理论告诉人们，事物从有序变得无序是一种自然的本能，是一种大势所趋，凡是忤逆它，就必须付出代价。

对于程序员来说，程序需要源源不断地获取外部资源，包括数据、框架、库、API 等，以维持其正常运行和发展。同时，这些外部资源中所包含的"负熵"（有序性）也是程序发展必不可少的，例如高质量的代码、良好的架构设计等。

程序员应该注重获取外部资源，也要注重利用这些资源来提升程序的质量和效率，从而实现程序的长期发展。

8.3.3　成长型程序员

编程生涯，茫茫数载，大部分人的经历都是相似的。在遇到相似的问题时，应该迎难而上，突破自我，最终才能发展成为自我驱动的"成长型"程序员。

（1）成为程序员的前半年

第 1 计：不要过于纠结方向选择问题。

在刚开始入门的时候，可能会在选择前端或后端方面有所纠结，如果选择了后端，那么还会犹豫是选择 Java、Go，还是 Python。其实，不用过于纠结此事。如果对偏前端的内容感兴趣，就从前端入手；如果对数据库方面的内容感兴趣，就从后端入手。等真正入门以后，再去转换技术方向或技术栈就会变得非常容易，因为技术都是相通的。

第 2 计：学习一定要敢于踏出真正的第一步。

这里的第一步，不是指开始看某个领域的书，而是安装 IDE 并搭建编程环境，然后实现一个最简单的程序。如果只是停留在看书层面上，那么永远无法入门，因为知识还只是停留在书上，还没有真正变成自己的。只有自己动手写过代码，才算是真正掌握。

第 3 计：找人给你指一下方向。

在刚入门的时候，面对各种各样的编程语言、框架等，很可能会感到迷茫。如何选择？先学什么呢？找人指点一下，可能会事半功倍。

第 4 计：找准合适的入门资料。

在选择入门资料时，需要注意两点：第一，一定要选择讲解详细的资料，如从搭建环境开始，逐步深入，并且需要有一些实战项目；第二，选择难度适中的资料，即选择难度适合自己，且对自己成长有帮助的资料。

（2）入行两到三年的普通程序员

第 5 计：想办法进行系统性学习。

在成为程序员的两年时间后，要想办法开始系统性学习了，比如系统地学习设计模式、算法、数据库等。只有系统性学习，才能建立完整的知识框架。

怎样才能产生系统性学习的动力呢？第一，分享可以让自己有动力。比如，你当众说要写关于某个主题的一系列文章，既然话都说出去了，那么就会逼着自己去实现。第二，花钱买课程，进行系统性学习。例如，你花几百甚至几千元钱购买了课程，就会逼着自己学习，不然钱就浪费了。

第 6 计：选择一份好工作。

选择一份好工作，也就是选择一个好的项目，从而可以积累一些人脉资源，这是非常重要的，有时可能要比技术成长更重要。

第 7 计：学习必须靠自觉。

不要期望项目经验一定或者一直会给自己带来技术的提升。即使能接触一些高并发的、比较复杂的项目，它们带来的提升也是有限的，或者说持续的时间通常会比较短。

大多数公司关注的是你的输出，即希望你输出自己的能力和经验。所以，学习必须靠自觉，包括自觉地思考如何进行系统性学习、如何有计划地学习，以及平时多问为什么。

第 8 计：看适合自己的书。

其实，在从事程序员工作的前两年里，要想办法让自己保持专注，围绕自己主要使用的编程语言或者技术选择适合自己的书，打好它们的基础。

第 9 计：想办法提升技术广度。

如果将来走技术管理路线，就有可能管理的团队不属于自己擅长的领域。比如，后端出身的人可能会带领移动团队，如果不懂得移动端的基本知识，那么是没有办法与团队成员沟通的。所以，作为技术管理者，不但要有自己擅长的领域，而且要多了解其他领域的基本知识。

提升技术广度的方式主要有下面三种。

第一，体验全栈。如果从事后端开发工作，那么可以大概了解一下客户端、移动端等知识；如果从事代码开发工作，那么可以了解测试和运维工作。还可以亲自动手实现一个自己的项目，如从云服务器的采购开始。在项目部署的过程中，可以自己搭建运维相关的部分，甚至搭建一些中间件。

第二，多学一些编程语言。在学会几门编程语言后，你会发现每门语言都有自己的特色和不足之处。这可能会引发你的很多思考，比如为什么这门语言没有这个特性、解决方式是什么等。另外，每门语言都有自己的技术栈，你会来回比较。这些思考和比较对自己的成长都很有用。如果对一门语言的理解比较透彻，那么学习其他语言时不会花太长的时间。

第三，广泛阅读。

第 10 计：想办法加大技术深度。

加大技术深度的主要方式是造"轮子"、看源码和学底层技术。

第一，造"轮子"。可以拿造"轮子"来练手，比如动手写一个框架，在这个过程中，可能会遇到很多问题，如可能会学习一些现有技术的源码。其实，这个过程对加深技术的理解是非常有帮助的。

第二，看一些源码。如果能够归纳出一些源码的主线，就能积累很多设计模式的知识。

第三，学一些偏底层的技术，可以帮助你理解技术的本质。上层技术都依赖于底层技术，所以，在学完底层技术后，会发现上层技术再变也没有什么本质上的区别，学起来会非常快。

第 11 计：学会使用搜索引擎。

对于程序员来说，要学会使用搜索引擎。另外，建议使用英文关键字来搜索，往往可以搜索到更多、更准确的内容。

第 12 计：学会和适应画架构图、写文档。

写文档非常重要，是在锻炼自己的总结能力和表达能力，而画架构图主要是在锻炼自己的抽象能力。

（3）入行五到十年的程序员（架构师）

第 13 计：注意软素质的提升。

这时候你已经有了好几年的工作经验了，除了技术方面以外，还要注意软素质的提升，比如沟通、自我驱动、总结等能力。比如，提升沟通能力，就是提高自己流畅表达观点、主动交流的能力。

这些软素质在日常工作中是很重要的，因为成为架构师之后，免不了要与业务方和技术团队，甚至其他团队的架构师沟通。如果这些软素质不过硬，那么提出的方案可能得不到认可，没办法达成自己的目标。

第 14 计：积累领域经验也很重要。

当你在一个领域工作几年之后，就会对这个领域的产品非常熟悉，甚至比产品经理更懂产品。也就是说，即使这个产品项目没有别人的帮助，你也可以确保它朝着正确的方向发展。如果你想一直在这个领域工作，那么这种领域经验的积累对你的发展非常有帮助。所以，有些人虽然是业务架构师，可能在技术上并不是特别擅长，但对这个领域的系统设计或者产品设计特别在行。如果不想一直进行纯技术工作，那么可以考虑积累更多的领域经验。

第 15 计：架构工作要接地气。

虽然有些架构师给出的方案非常漂亮，但就是不接地气，很难落地。实际上，架构工作必须要接地气，这包括三个方面：产出符合实际情况的方案、方案要落地实际项目、不要过于技术化。

这里其实有一个矛盾点：如果想要提升自己的经验、技术能力，很多时候就需要引入一些新技术，但是这些新技术的引入需要成本。而这里的成本不仅仅是学习成本，还需要整个团队有一定的经验。

整个团队的技术能力都需要得到提升，这样才能够驾驭完整的系统。如果是为了自己的利益而引入一些不太符合公司实际情况的技术，那么对公司来说其实是不负责任的，而且这个方案很大程度上会失败。所以，架构工作需要产出一些接地气的方案。比如，同样是解决一个问题，有些架构方式或设计比较"老土"，但往往是很稳定的；而一些复杂的技术，虽然有先进的理念和设计，但驾驭它需要很大的成本，而且会因为它的"新"而存在各种各样的问题。

第 16 计：打造个人品牌。

个人品牌包括口碑和影响力两个方面。

口碑是指别人对你在日常工作中的态度和表现的议论。好的口碑和宝贵的人脉都是非常重要的资源。口碑好的人基本上不需要主动去找工作，因为一些老领导、朋友会提供这样的机会。

很多人的技术能力非常强，但业界鲜有人知，问题可能出在个人影响力上。提升个人影响力的方法包括参加技术大会、做技术分享、写博客、写书等。

有了影响力和口碑，让更多的人能接触到你、认识你，你就会有更多的机会。

（4）从资深程序员转换为技术管理人员

第 17 计：掌握管理的方法。

"管理"就是指如何安排，这里包括制定项目管理流程、制定技术标准、工具化和自动化等方面。

刚转入技术管理岗位时容易犯的一个错误是，把事情都抓在自己手里。这时，你一定要想明白，不是你自己在干活，你的产出需要依靠整个团队。不应该什么事情都自己做，应该制定规范、流程和指明方向，让团队成员去做，否则你很容易成为整个团队的瓶颈。

第 18 计：掌握带团队的方法。

第一，招人和放权。想要带好团队，首先是招到优秀的人，其次是放权。不要因为担心招到的人比自己优秀，就想要找能力弱一些的。只有团队的事情都做得更好，整个团队的产出才能更高。

第二，建立工程师文化。通过建立工程师文化，让团队成员互相交流、学习，从而营造良好的学习和工作氛围。

第三，建立流畅的沟通、汇报制度。

第 19 计：关注前沿技术，思考技术创新。

在从事技术管理工作之后，目光要放长远。团队成员可能只是看到、接触到部分内容或模块，没有更多的整体信息，也没办法想得更远。这时，你必须学会创新，积极关注前沿技术，思考它们是否可以用到自己的项目上。

第 20 计：关注产品。

很多时候，一个产品的形态会决定公司的命运，在产品上多想一些点子，往往要比技术上的重构带来的收益更大。这里不仅包括产品是怎样运作的，还包括产品中包含的创新、能否挖掘出一些衍生品等。

（5）进入高级技术管理阶段

在高级技术管理这个层次上，对应的职位可能是技术总监甚至以上，他们所做的事情不再仅限于产品技术本身。

第 21 计：搭建团队非常重要。

搭建团队和招人还不太一样，招人招的是下属，而搭建团队是必须让团队形成一个梯队。一旦把一些核心人员固定下来，整个团队就基本搭建完成了。

搭建团队时非常重要的一点是，你自己要有一个整体的想法，知道自己的团队需要什么样的岗位、岗位上需要什么样的人。

第 22 计：打造技术文化。

虽然在"技术管理"部分强调要建立制度，但文化高于制度，而且文化没有那么强势。制度其实是列出来的，要求大家遵守，有"强迫"的感觉；而文化强调潜移默化，通过耳濡目染获得认同感。

第 23 计：提炼价值观。

企业会按照自己的价值观去运作，希望志同道合的人在一起工作。价值观又会高于文化，因为它是针对公司层面的，对员工的影响会更大。虽然价值观不是那么显性，但可以长久地确保公司员工的心都是齐的，大家都知道公司是怎样运作的，而且有共同的目标。

第 24 计：关注运营和财务情况。

到了高级技术管理的位置，你就不再是一个普通的员工了，你的前途会和公司紧紧绑定在一起。所以，你需要更多地关注公司的运营和财务情况。

（6）一个老职场人的职场心得

第 25 计：掌握工作汇报的方式和方法。

首先，不要把汇报当成负担，也不要当成浪费时间的事情。汇报其实是双向的，你向上级汇报的同时，上级同时会反馈给你很多信息，这些信息可能是你未来工作的方向，也可能是给你的一些资源，还可能是告诉你公司想要得到什么。

第 26 计：坚持+信念。

第一，如果你的目标就是成功，那么可能没有什么可以阻挡你。当别人不愿意配合你的工作时，对事不对人，想尽办法去沟通，促成事情尽早完成。

第二，很多时候，创新就是在相信一定可以实现时才出现的。

很多时候，你认为事情是做不成的，然后直接拒绝了，于是创新就没有了。但如果相信事情一定可以做成，就会想方设法去实现它，这个时候你想出来的东西就是有开创性的，就是创新。

第 27 计：持续思考和总结。

在职场上提炼方法论是非常重要的。你要经常思考自己在工作中对各种各样的事情的处理是否妥当，能否总结提炼出一些方法论。把这些方法论保留下来，将来或许能够帮到你。由工作经历提炼出的方法论，是你的经验的总结，是非常有价值的。

第 28 计：和平级同事友好相处。

平级同事之间，要以帮助别人的心态来合作。在和上下级同事沟通时，一般不会有什么问题，但与平级同事，尤其是跨部门的平级同事沟通的时候，往往会因为各自的利益问题，闹得不愉快。认识这一点，在今后的沟通中就会更加注意自己的沟通方式。

让自己成为一个值得信赖的人，这样，平级同事会愿意和你分享一些东西，因为他们对你放心。

（7）管理格言

接下来推荐 8 条管理格言。

第一，真心诚意，以情感人。在人和人沟通的时候，无论是上下级的沟通还是平级之间的沟通，都要有非常诚恳的态度。

第二，推心置腹，以诚待人。有事情不要藏在心里，不要做城府很深的管理者。让大家尽可能地知道更多的事情，统一战线，站在同一个角度上考虑问题。

第三，开诚布公，以理服人。把管理策略公布出来，不管是奖励措施还是惩罚措施，让团队成员感到公平公正。

第四，言行一致，以信取人。说到做到，对于管理下属和与别人沟通都非常重要。

第五，令行禁止，依法治人。在管理方面，要制定相关制度，而且要公开。如果破坏了制度，就要惩罚；如果做得好，就要奖赏。

第六，设身处地，以宽容人。很多时候，在与别人发生冲突时是因为没有进行换位思考，没有设身处地地替别人着想。

第七，扬人责己，以功归人。这是非常重要的一点。如果事情是团队成员一起做的，那么，作为管理者，你要有这样的心胸：功劳是团队的，甚至是下属的。如果别人做得好，就要多表扬。而作为管理者，要对自己严格一些，因为很多时候团队的问题就是管理者的问题，与下属没有太大的关系。

第八，论功行赏，以奖励人。团队成员做得好了，就要多给他一些奖励。这也是公平公正的，因为大家都能看得到。

有了这一章的系统介绍，
我似乎能看清楚自己未来的程序员
发展之路了。

个体并不独特，我们将自己放到一个
群体中去理解，大家的成长经历相似，
重要的是你如何去迎接每个阶段的挑战，
这样路才能越走越清晰。

附录

附录 A　AIGC 浪潮

2022 年 12 月初，OpenAI 的 ChatGPT 一面世就在一些技术社区中火了一把，当时一度因为访问量太大而导致服务崩溃。2023 年 1 月底，ChatGPT 再次爆火，资本市场新增 ChatGPT 概念，很多人都在谈论 AIGC（Artificial Intelligence Generated Content，人工智能生成内容），这一次这个新生事物似乎不再是昙花一现，而是隐约彰显着它要引领一股人工智能的浪潮。事实也确实如此，AIGC 的浪潮已席卷而来。

A.1　ChatGPT 的背后

（1）初识 ChatGPT

ChatGPT 是 OpenAI 公司发布的基于 GPT（Generative Pre-trained Transformer，生成式预训练 Transformer）的语言模型。该模型使用了大量的语料库进行训练，可以生成高质量的文本，如文章、小说、新闻报道等。

为什么它会生成高质量的文本？

GPT 模型基于 Transformer 架构，先在大规模语料上进行无监督预训练，再在小得多的有监督数据集上为具体任务进行精细调节（fine-tune）。

生成高质量文本的根本原因是它引入了 RLHF（Reinforcement Learning from Human Feedback，从人类反馈中强化学习）微调范式，指导模型对齐人类语境。简单来说，就是用人工去标注数据，对 AI 给出的问题选项进行判断回答，反馈给 AI 以让它强化学习。

用专业的人去训练 GPT 的答案，给回答打分，就是 ChatGPT 背后最关键的训练方法。

几乎可以断定，上述"自监督学习+强化学习"的大模型微调新范式是未来 AI 模型范式发展的方向。

AI 先自己学，尽可能地学，学完后，AI 再回答一些领域的标准问题，专业领域的数据标注人员给 AI 的回答打分，或者通过选项来选择更具人性化的预期答案，反馈给 AI，AI 接到专业人员的反馈后继续学习、优化，然后循环这个过程。其实，这和人类的学习方法是一致的，只有"自学+老师指导"，才能进步，不然只能是闭门造车、故步自封。

（2）ChatGPT 的发展历史

ChatGPT 的发展历史见表 A-1。

表 A-1　ChatGPT 的发展历史

时　间	模 型 名 称	备　注
2020 年 7 月	Davinci	GPT-3 初代模型，参数有 13 亿个
2021 年 7 月	Codex	基于 GPT-3 的变体，参数有 120 亿个
2022 年 3 月	davinci-instruct-beta	指令微调的监督微调部分
2022 年 4 月	code-davinci-002	完成在代码、文本数据集上双重训练后发布的 GPT-3.5 模型
2022 年 6 月	text-davinci-002	基于 code-davinci-002 的有监督指令微调模型
2022 年 11 月	ChatGPT	基于 text-davinci-002 进行优化、调教后的模型

（3）ChatGPT 的应用

现在，ChatGPT 被广泛关注的一个很重要的原因是它能在很多领域得到应用，其中非常值得关注的两个领域是搜索引擎和内容创作。

ChatGPT 使用深度学习技术生成类似人类对话的内容，与搜索引擎相比，它能更加智能地理解用户的意图，并且可以通过"对话"来提供更加个性化的服务。

ChatGPT 能生成文本内容，辅助人工写作，甚至取代人工写作；ChatGPT 还能辅助编程。

一些企业已经把 ChatGPT 接入自己的应用中，充当企业智能客服。对比传统机器人客服，ChatGPT 能带来更好的对话体验。

A.2　人工智能的发展

ChatGPT 能够获得如此高的关注度，其背后是专业标注员、大量的训练、正反馈、多层神经网络、超级计算机、算力等 AI 模块的加持。实际上，AI 的发展经历了多个阶段，其历史最早可以追溯到 20 世纪 50 年代。

20 世纪 50 年代，人们开始探索 AI，后来开发出了一些早期的处理语言，如 Eliza。

20 世纪 60 年代，发展出了专家系统和归纳学习算法。

2000 年以后，AI 发展出了深度学习技术、自然语言处理技术和计算机视觉技术等关键技术。

2022 年，ChatGPT 诞生，让 AI 从阅读理解发展到生成创造，自此，AI 能很好地合成结果、创造结果了。

接下来介绍 ChatGPT 诞生之前，AI 发展过程中的 4 个里程碑式成果。

（1）自然语言处理

自然语言处理（Natural Language Processing，NLP）旨在研究如何让计算机理解、处理和生成自然语言。通过 NLP 技术，人们可以开发各种语言应用程序，如语音识别、机器翻译、文本分类、情感分析等。

（2）计算机视觉

NLP 是理解文字，计算机视觉（Computer Vision，CV）是看图片。

CV 在 20 世纪末被推出，包含如下分支：画面重建、事件监测、目标跟踪、目标识别、机器学习、索引创建和图像恢复等。基于 CV 技术，人们开发出了人脸识别、物体检测、图像分割、视频跟踪等多种应用。

（3）深度学习

深度学习是一种以人工神经网络为架构，对资料进行表征学习的算法。通俗来说，它是一种更加强大、能处理更多复杂问题的机器学习方法。

因为它使用多层神经网络模拟人脑的运作方式，所以可以自动从数据中学习特征并进行分类、预测和决策等任务。数据量越大，计算能力越强，深度学习就越强。

正是有了深度学习，AlphaGo 才有可能击败围棋大师。

（4）生成对抗网络

生成对抗网络（Generative Adversarial Networks，GAN）是一种使用深度学习技术生成新数据的方法。

为什么称为"对抗"？因为它通过两个神经网络相互博弈的方式进行学习。

GAN 由一个生成器和一个判别器组成：生成器将随机噪声转换为新的数据样本，而判别器则尝试区分生成器生成的样本和真实的数据样本。

通过反复训练生成器和判别器，GAN 可以生成高质量的样本，如图像、音乐和文本等。GAN 在 2014 年被提出，它是从"深度学习"到"生成数据"的关键。

A.3 国内 AIGC 发展现状

现在已经有了多种 AIGC 产品，如 OpenAI GPT3、ChatGPT、GPT3.5、Notion AI、New Bing、微软 Kosmos-1、GPT4、Google Bard 等。

但在国内，目前比较好用的 AIGC 产品还不多。AI 大模型是未来科技发展的方向，作为程序员，一定要有敏感的嗅觉。国内企业需要坚持耕耘这份事业，因为技术的爆发需要经过长期的沉淀，比如，ChatGPT 之所以能站到大众面前，是因为它经过了科技巨头十几年的技术迭代、演进。

接下来介绍国内一些 AIGC 产品。

（1）百度的"文心一言"

目前，国内最引人注目的大语言模型之一是"文心一言"，它可以生成各种类型的文本，如诗歌、小说、新闻等。

（2）复旦大学的 MOSS

复旦大学的 MOSS 的参数规模约是 ChatGPT 的 1/10，目前仍处在内测阶段。

MOSS 因为参数规模小，所以更节省计算资源和存储空间，易于部署和应用。

另外，MOSS 在设计时还考虑到了人类的伦理道德准则，不会产生有偏见或可能有伤害的回答，这样可以避免一些潜在的法律风险和商业伦理问题。在这一点上，目前 ChatGPT 没有明确的处理方式。

（3）腾讯的"混元大模型"

"混元大模型"利用腾讯的研发力量，完整覆盖了 NLP 大模型、CV 大模型、多模态大模型，以及其他行业、领域的任务模型。

它的目标是打造行业领先的 AI 预训练大模型，以统一平台，对技术复用，使 AI 技术适用于更多场景，并且降低成本。

"混元大模型"的参数数量达到万亿级别。对于公众，"混元大模型"目前还在内测优化阶段。不过，HunYuan-NLP 已经在多个腾讯产品中得到应用，同样是用于生成文本，如对话生成、小说续写、广告生成等。

（4）阿里巴巴的"通义大模型"

阿里巴巴的"通义大模型"是一系列基于自然语言处理以及多模态理解与生成的 AI 模型，旨在打造国内首个 AI 统一"底座"。它包括以下几个核心模型。

1）AliceMind-PLUG：语言大模型，能够在多个中文语言理解任务上超越人类水平。

2）AliceMind-mPLUG：多模态理解与生成统一模型，能够处理图像、视频等多种数据类型，并可以进行跨模态搜索、生成等任务。

3）M6-OFA：多模态统一底座模型，能够根据不同的场景和设备动态调整模型大小和性能。

4）S4：超大模型落地关键技术框架，能够支持百亿级别参数的训练和推理。

（5）华为的"盘古大模型"

盘古大模型是一系列超大规模的预训练模型，包括 NLP、CV、多模态和科学计算等。

其中，盘古 NLP 大模型是目前全球最大的千亿参数级别中文语言预训练模型，它能够进行内容生成和内容理解等任务。盘古 CV 大模型是目前全球最大的 30 亿参数视觉预训练模型，它能够进行分类、分割和检测等任务。

目前，盘古大模型在华为云上提供服务。

虽然国内的 AIGC 起点没有那么高，但是也有一批程序员在持续努力，推动它的发展。

附录 B　专业术语

每个行业都有其术语，从事相关行业工作的人有必要熟悉它们。行业术语体现专业性，能准确表达意思，提高表达效率，可以帮助他人建立信任感。

本附录归纳了一些程序员常用的专业术语和互联网行业中经常出现的术语。

B.1 程序员常用专业术语

IDE（集成开发环境）：一种软件工具，用于编写、编辑、调试和构建应用程序。它通常包括代码编辑器、调试器、编译器和构建工具。

编译（Compile）：将高级编程语言代码转换为计算机可执行代码的过程。编译器将源代码翻译成机器代码或中间代码，以便计算机执行。

运行（Run）：执行已编译的程序，使其在计算机上执行相应的任务或操作。

数据结构（Data Structure）：一种组织和存储数据的方式，以便有效地访问和操作数据。常见的数据结构包括数组、链表、栈、队列、树和图等。

算法（Algorithm）：解决问题或执行特定任务的一组明确定义的步骤。算法是计算机程序的核心，用于处理数据和执行操作。

变量（Variable）：在编程中，变量是用于存储数据值的命名容器。变量值可以是数字、文本、对象等。例如，"int age=30;"中的 age 是一个整型变量，它存储了值 30。

函数（Function）：一段可重复使用的代码块，通常用于执行特定的任务。它接受输入参数，执行操作，然后返回一个结果。例如，"int add（int a，int b）"是一个将两个整数相加并返回结果的函数。

循环（Loop）：一种控制结构，允许代码块多次执行。常见的循环结构包括 for、while 和 do-while，它们用于遍历列表、执行迭代任务等。

条件语句（Conditional Statement）：用于根据条件的真假执行不同的代码块。常见的条件语句是 if 语句，它根据条件来决定是否执行特定的代码。

数组（Array）：一种数据结构，可以存储多个相同类型的元素。这些元素通过索引访问，索引通常从 0 开始计数。例如，"int numbers[ ]={1,2,3,4,5};"创建了一个整型数组。

对象（Object）：对象是面向对象编程中的基本概念，它表示具有属性和方法的实体。对象是类的实例，可用于组织和管理代码。

API（Application Program Interface，应用程序接口）：一组定义软件组件之间交互方式的规则和协议。它允许不同的程序或模块之间互相通信和交互。

调试（Debugging）：查找和修复代码中的错误或问题的过程。程序员使用调试工具和技术来识别和解决代码中的 bug。

白盒测试（White Box Testing）：一种测试方法。它关注内部代码结构和逻辑，以验证软件在各种情况下是否按预期工作。

发布（Release）：将软件或应用程序的特定版本交付给最终用户或客户。发布通常包括在生产环境中部署软件。

迭代（Iteration）：软件开发中的一个过程，开发团队多次重复设计、开发和测试，以不断改进和完善软件。

持续集成（Continuous Integration）：一种软件开发实践，它要求开发者频繁地将代码合并到共享存储库中，并自动运行测试以确保代码质量。

版本（Version）：软件或应用程序的特定发布或构建。版本通常使用数字或字母来标识，并可用于跟踪软件的演化和改进。

B.2　互联网术语

DAU：日活跃用户量。

MAU：月活跃用户量。

SNS：社交网络服务，是提供在线社交网络服务的平台。

UGC：用户生成内容，是指用户在互联网上创造的内容，如博客、视频、评论等。

O2O：线上到线下，是指基于互联网技术将线下服务与线上平台结合起来，实现在线预约、支付等服务。

P2P：点对点，是指两台计算机之间直接连接，进行数据交换和共享资源的方式。

API：应用程序接口，是软件系统中定义的一组接口，用于不同软件之间的通信和交互。

KPI：关键绩效指标法，是企业绩效考核的方法，其特点是考核指标围绕关键成果领域进行选取。

OTT：通过互联网向用户提供各种应用服务。目前，典型的 OTT 业务有互联网电视业务、苹果应用商店等。

CPM：在广告投放过程中，听到或者看到某条广告的每个人平均分摊的广告成本。

IP：Intellectual Property 的缩写，即知识产权。

ACG：Animation、Comic、Game 的缩写，即动画、漫画、游戏的总称。ACG 文化的发源地是日本，以网络及其他方式传播。

SEO：搜索引擎优化。它是专门利用搜索引擎的搜索规则来提高目前网站在有关搜索引擎内的自然排名的方式。SEO 可以为网站提供生态式的自我营销解决方案，让网站在行业内占据领先地位，从而获得品牌收益。

UED：用户体验设计（User Experience Design）。通常的理解是，开发者所做的一切都是为了呈现在用户眼前的页面。

LBS：基于位置的服务。它通过电信运营商的无线电通信网络（如 GSM 网、CDMA 网）或外部定位方式（如 GPS）获取移动终端用户的位置信息。

PV：页面浏览量，或点击量。它是衡量一个网络新闻频道或网站甚至一条网络新闻的主要指标。

UV：访问某个站点或点击某条新闻的具有不同 IP 地址的访问者的数量。在同一天内，UV 只记录第一次进入网站的具有独立 IP 地址的访问者，在同一天内再次访问该网站则不计数。

马太效应（Matthew Effect）：社会上非常普遍的优势与劣势的积累过程及效果状态，即好的愈好、坏的愈坏、多的愈多、少的愈少的一种现象。马太效应在社会信息流的产生、传递和利用过程中，表现出明显的核心趋势和集中取向。

羊群效应：一种受到多数人的影响，从而跟从大众的思想或行为，也称为"从众效应"。

病毒式营销：源于英文 Viral Marketing，常用于网站推广、品牌推广等。它利用的是用户口碑传播的原理，在互联网上，这种"口碑传播"更为迅速，可以像病毒一样迅速蔓延，因此病毒式营销成为一种高效的信息传播方式。而且，由于这种传播是在用户之间自发进行的，因此是一种几乎不需要费用的网络营销手段。

长尾理论（Long Tail Theory）：用来描述网站的商业和经济模式的理论。统计学中将大量远离"头部"或中心数据分布的数据称为"长尾"。美国《连线》期刊主编克里斯·安德森（Chris Anderson）用"长尾"来描述网站的商业和经济模式。在网络环境下，商家可以建立一种新的市场策略，即通过针对大量小客户出售的小额商品而获利。在网络环境下，信息资源的利用情况可以呈现长尾现象。

劣币驱逐良币：用来描述在市场中，劣质产品的低价格和高需求使得优质产品难以竞争，最终只有劣质产品留存。

后　记

　　写作一本书，无论内容是关于技术、创业的，还是其他领域的，都是一件了不起的事情，因为需要投入大量的时间、精力和热情，并且必须坚持不懈。

　　在作者看来，程序员的成长不仅仅是技术上的成长，还包括对自己和世界的理解能力的提高，以及对自己职业发展的思考。在成长过程中，不仅要学习新技术，更要不断锻炼自己的逻辑思维能力和判断力。

　　此外，还要认识到，程序员不仅需要掌握技术，还需要具备商业和管理方面的知识。在当今这个信息化时代，软件已经成为企业发展的基础，程序员的工作不仅包括编写代码，还包括与客户沟通、团队协作、项目管理等方面。为了在职场中取得成功，需要不断学习、不断成长，以便提高自己的综合素质。

　　本书提供了很多实用的知识和技巧，可以帮助程序员提高工作效率。同时，作者分享了个人的经验和心得，希望它们可以为读者带来帮助。